電子情報通信レクチャーシリーズ **D-5**

モバイルコミュニケーション

電子情報通信学会●編

中川正雄　共著
大槻知明

コロナ社

▶電子情報通信学会 教科書委員会 企画委員会◀

- ●委員長　　　　　　　　　原 島　　　博（東 京 大 学 教 授）
- ●幹事　　　　　　　　　　石 塚　　　満（東 京 大 学 教 授）
  （五十音順）
  　　　　　　　　　　　　　大 石　進 一（早 稲 田 大 学 教 授）
  　　　　　　　　　　　　　中 川　正 雄（慶 應 義 塾 大 学 教 授）
  　　　　　　　　　　　　　古 屋　一 仁（東 京 工 業 大 学 教 授）

▶電子情報通信学会 教科書委員会◀

- ●委員長　　　　　　　　　辻 井　重 男（東京工業大学名誉教授）
- ●副委員長　　　　　　　　神 谷　武 志（東京大学名誉教授）
  　　　　　　　　　　　　　宮 原　秀 夫（大阪大学名誉教授）
- ●幹事長兼企画委員長　　　原 島　　　博（東 京 大 学 教 授）
- ●幹事　　　　　　　　　　石 塚　　　満（東 京 大 学 教 授）
  （五十音順）
  　　　　　　　　　　　　　大 石　進 一（早 稲 田 大 学 教 授）
  　　　　　　　　　　　　　中 川　正 雄（慶 應 義 塾 大 学 教 授）
  　　　　　　　　　　　　　古 屋　一 仁（東 京 工 業 大 学 教 授）
- ●委員　　　　　　　　　　122名

(2008年4月現在)

刊行のことば

　新世紀の開幕を控えた1990年代，本学会が対象とする学問と技術の広がりと奥行きは飛躍的に拡大し，電子情報通信技術とほぼ同義語としての"IT"が連日，新聞紙面を賑わすようになった．

　いわゆるIT革命に対する感度は人により様々であるとしても，ITが経済，行政，教育，文化，医療，福祉，環境など社会全般のインフラストラクチャとなり，グローバルなスケールで文明の構造と人々の心のありさまを変えつつあることは間違いない．

　また，政府がITと並ぶ科学技術政策の重点として掲げるナノテクノロジーやバイオテクノロジーも本学会が直接，あるいは間接に対象とするフロンティアである．例えば工学にとって，これまで教養的色彩の強かった量子力学は，今やナノテクノロジーや量子コンピュータの研究開発に不可欠な実学的手法となった．

　こうした技術と人間・社会とのかかわりの深まりや学術の広がりを踏まえて，本学会は1999年，教科書委員会を発足させ，約2年間をかけて新しい教科書シリーズの構想を練り，高専，大学学部学生，及び大学院学生を主な対象として，共通，基礎，基盤，展開の諸段階からなる60余冊の教科書を刊行することとした．

　分野の広がりに加えて，ビジュアルな説明に重点をおいて理解を深めるよう配慮したのも本シリーズの特長である．しかし，受身的な読み方だけでは，書かれた内容を活用することはできない．"分かる"とは，自分なりの論理で対象を再構築することである．研究開発の将来を担う学生諸君には是非そのような積極的な読み方をしていただきたい．

　さて，IT社会が目指す人類の普遍的価値は何かと改めて問われれば，それは，安定性とのバランスが保たれる中での自由の拡大ではないだろうか．

　哲学者ヘーゲルは，"世界史とは，人間の自由の意識の進歩のことであり，…その進歩の必然性を我々は認識しなければならない"と歴史哲学講義で述べている．"自由"には利便性の向上や自己決定・選択幅の拡大など多様な意味が込められよう．電子情報通信技術による自由の拡大は，様々な矛盾や相克あるいは摩擦を引き起こすことも事実であるが，それらのマイナス面を最小化しつつ，我々はヘーゲルの時代的，地域的制約を超えて，人々の幸福感を高めるような自由の拡大を目指したいものである．

　学生諸君が，そのような夢と気概をもって勉学し，将来，各自の才能を十分に発揮して活躍していただくための知的資産として本教科書シリーズが役立つことを執筆者らと共に願っ

ている．

　なお，昭和 55 年以来発刊してきた電子情報通信学会大学シリーズも，現代的価値を持ち続けているので，本シリーズとあわせ，利用していただければ幸いである．

　終わりに本シリーズの発刊にご協力いただいた多くの方々に深い感謝の意を表しておきたい．

　2002 年 3 月

電子情報通信学会 教科書委員会

委員長　辻　井　重　男

まえがき

　人間は動き回りながら，仕事をしたり，レジャーを楽しんだりして，動く，移動するということが社会の発展の大きなファクタになっている．

　従来は，移動中は情報の獲得や発信がしにくく，そのために，活動の効率が低く抑えられていた．卑近な例であるが，誰かとある場所で待ち合わせをする場合に，慣れている場所ならよいが，そうでない場合，従来は前もって詳細な地図を交換して，会う場所を検討する必要があったし，それでも柱一つが邪魔して，互いの姿が見えず，会えなかったりするような笑おうにも笑えないこともあった．また，相手が少しでも遅れたりすれば，間違いの約束をしたのではないだろうかとかやきもきしたし，確認のしようもなかった．

　現在では，前もっての約束事はおおざっぱで携帯電話を互いに持ちながら通信しつつ，相手が遅れそうなら，そのこともすぐに連絡ができるのである．こうなると，仕事やレジャーに便利なモバイル通信技術を手放すことができなくなり，1990年代に爆発的成長を遂げたのである．

　本書は，そうしたモバイルコミュニケーション技術がなんであるかを図や例題を多く利用してわかりやすく解説するものである．

　1章では，モバイル通信の歴史を説明し，モバイル通信が90年代に急に出現したのではなく，それなりの準備段階を経ていることを示す．

　2章では，ダイバーシチ技術を含む電波伝搬の技術に割り振り，まずはこれらのモバイルに特有な技術に慣れ親しむ．

　3章では変調技術，4章では多元接続，5章ではCDMAについて学ぶ．この10年以上モバイル通信に君臨したCDMAを学ぶことは，今後の技術を知るためにも重要である．

　6章では，OFDMについて学び，CDMAの次に出現する高速伝送の切り札として紹介する．

　7章では，モバイルのみならず，広く通信や記録に利用されている誤り訂正符号について学び，雑音やフェージング，更に，干渉に始終さらされるモバイルコミュニケーション技術に必要な誤り訂正符号を紹介する．

　8章では，MIMO（multiple input multiple output）について学び，複数の送信アンテナと複数の受信アンテナ，および信号処理を組み合わせ，通信容量を増大させる今後有望なモバイル技術として紹介する．

本書は，筆者らが，大学院修士課程の授業内容から書きおろしたものであり，モバイルコミュニケーション技術を理解する助けになれば幸いである．

最後に，本書をまとめるにあたり我慢強く支援していただいたコロナ社のみなさまに感謝する．

2009年2月

中 川 正 雄
大 槻 知 明

目　　次

1. モバイルコミュニケーションの歴史

1.1　マルコーニの時代 …………………………………………… 2
1.2　ラジオ放送の時代 …………………………………………… 3
1.3　アナログモバイル通信の時代 ……………………………… 4
1.4　ディジタルモバイル通信の時代 …………………………… 5
1.5　より高速なディジタルモバイル通信の時代 ……………… 6
1.6　より小さなエリアの通信 …………………………………… 7
本章のまとめ ……………………………………………………… 7
理解度の確認 ……………………………………………………… 8

2. 電　波　伝　搬

2.1　周波数区分 …………………………………………………… 10
2.2　自由空間伝搬 ………………………………………………… 11
2.3　障害物のある伝搬 …………………………………………… 14
　　2.3.1　市街地伝搬 …………………………………………… 14
　　2.3.2　マイクロセル伝搬 …………………………………… 16
　　2.3.3　室 内 伝 搬 …………………………………………… 16
2.4　フェージング ………………………………………………… 16
　　2.4.1　見通し外伝搬 ………………………………………… 16
　　2.4.2　見通し内伝搬 ………………………………………… 25
2.5　ダイバーシチ ………………………………………………… 25
　　2.5.1　空間ダイバーシチ …………………………………… 26
　　2.5.2　他のダイバーシチ …………………………………… 30

本章のまとめ ……………………………………………………………… 33
　　理解度の確認 ……………………………………………………………… 34

3. 変　　　　　調

　3.1　正弦波と変調 ………………………………………………………… 36
　3.2　ディジタル変調方式 …………………………………………………… 37
　　　3.2.1　ASK ……………………………………………………………… 37
　　　3.2.2　FSK ……………………………………………………………… 42
　　　3.2.3　PSK ……………………………………………………………… 44
　3.3　電力効率に優れた変調方式 …………………………………………… 46
　　　3.3.1　GMSK …………………………………………………………… 47
　　　3.3.2　$\pi/4$ シフト QPSK …………………………………………… 49
　3.4　高能率変調方式 ………………………………………………………… 50
　3.5　フェージング回線におけるビット誤り率の特性 …………………… 52
　　本章のまとめ ……………………………………………………………… 54
　　理解度の確認 ……………………………………………………………… 54

4. 多　元　接　続

　4.1　デュプレックス ………………………………………………………… 56
　4.2　多元接続方式 …………………………………………………………… 57
　　　4.2.1　固定的接続方式 ……………………………………………… 58
　　　4.2.2　随時的接続方式 ……………………………………………… 59
　談話室　CDMA ……………………………………………………………… 60
　本章のまとめ ………………………………………………………………… 61
　理解度の確認 ………………………………………………………………… 62

5. CDMA

- 5.1 軍用におけるスペクトル拡散通信 …………………… 64
  - 5.1.1 秘匿性 ……………………………………………… 64
  - 5.1.2 耐ジャミング性 ……………………………………… 65
  - 5.1.3 秘話性 ………………………………………………… 65
  - 5.1.4 スペクトル拡散通信とCDMA ……………………… 65
- 5.2 拡散変調 ………………………………………………… 66
  - 5.2.1 直接拡散変調と復調 ………………………………… 66
  - 5.2.2 直接拡散変調の雑音特性 …………………………… 69
  - 5.2.3 直接拡散変調の狭帯域干渉特性 …………………… 70
  - 5.2.4 パス分離 ……………………………………………… 71
  - 5.2.5 周波数ホッピング変調 ……………………………… 72
  - 5.2.6 複数搬送波拡散変調 ………………………………… 74
- 5.3 セルラー移動通信におけるCDMA …………………… 77
  - 5.3.1 のぼり回線の構造 …………………………………… 78
  - 5.3.2 マルチセル構成の場合 ……………………………… 80
  - 5.3.3 くだり回線の構造 …………………………………… 82
- 本章のまとめ ………………………………………………… 83
- 理解度の確認 ………………………………………………… 84

6. OFDM

- 6.1 OFDM変調方式の基礎 ………………………………… 86
- 6.2 ガードインタバルと巡回拡張 ………………………… 89
- 6.3 ピーク対平均電力比 …………………………………… 91
- 6.4 OFDMの応用例 ………………………………………… 92
  - 6.4.1 ディジタルラジオ放送 ……………………………… 92
  - 6.4.2 地上ディジタルテレビジョン放送 ………………… 93
  - 6.4.3 単一周波数ネットワーク …………………………… 93
  - 6.4.4 OFDMを用いた無線LANシステム ………………… 94
  - 6.4.5 OFDMA ……………………………………………… 95

本章のまとめ …………………………………………… 95
　　理解度の確認 …………………………………………… 96

7. 誤 り 制 御

7.1　ユークリッド距離とハミング距離 ……………………… 98
7.2　ガロア体 ……………………………………………………… 99
7.3　線形ブロック符号 …………………………………………… 100
　　7.3.1　生成行列と検査行列 ……………………………… 101
　　7.3.2　最小距離と誤り訂正 ……………………………… 103
7.4　線形ブロック符号の例 ……………………………………… 104
　　7.4.1　ハミング符号 ……………………………………… 104
　　7.4.2　巡 回 符 号 ………………………………………… 105
　　7.4.3　BCH 符 号 ………………………………………… 106
　　7.4.4　リード・ソロモン符号 …………………………… 107
7.5　畳込み符号 …………………………………………………… 109
　　7.5.1　畳込み符号器 ……………………………………… 109
　　7.5.2　トレリス線図 ……………………………………… 110
　　7.5.3　ビタビ復号法 ……………………………………… 111
7.6　最大事後確率復号 …………………………………………… 113
7.7　連 接 符 号 ………………………………………………… 114
7.8　ターボ符号 …………………………………………………… 115
7.9　低密度パリティ検査符号 …………………………………… 117
　　7.9.1　概要および定義 …………………………………… 117
　　7.9.2　LDPC 符号の二部グラフ表現 …………………… 118
　　7.9.3　LDPC 符号の構成法 ……………………………… 119
　　7.9.4　sum-product 復号法 ……………………………… 120
7.10　自動再送要求 ………………………………………………… 121
　　7.10.1　stop-and-wait 方式 ……………………………… 121
　　7.10.2　go-back-N 方式 ………………………………… 122
　　7.10.3　selective-repeat 方式 …………………………… 122
　　7.10.4　ハイブリッド ARQ 方式 ………………………… 123

本章のまとめ ……………………………………………………… *124*
　　　理解度の確認 ……………………………………………………… *126*

8. **MIMO**

　　8.1　MIMO 通信路モデル ………………………………………… *128*
　　8.2　MIMO 通信路の並列伝送路表現 …………………………… *130*
　　8.3　通信路容量 ……………………………………………………… *131*
　　8.4　空間フィルタリング ………………………………………… *132*
　　　　8.4.1　ZF 規範 ………………………………………………… *133*
　　　　8.4.2　MMSE 規範 …………………………………………… *133*
　　8.5　V-BLAST ……………………………………………………… *134*
　　8.6　最尤検出（MLD）…………………………………………… *135*
　　8.7　固有モード伝送 ……………………………………………… *136*
　　8.8　最大比合成伝送 ……………………………………………… *138*
　　8.9　時空間ブロック符号 ………………………………………… *138*
　　　　8.9.1　Alamouti の STBC …………………………………… *139*
　　　　8.9.2　他の STBC …………………………………………… *142*
　　8.10　時空間トレリス符号 ………………………………………… *142*
　　　本章のまとめ ……………………………………………………… *147*
　　　理解度の確認 ……………………………………………………… *150*

引用・参考文献 …………………………………………………………… *151*
理解度の確認；解説 …………………………………………………… *154*
索　　引 ………………………………………………………………… *159*

1 モバイルコミュニケーションの歴史

イタリア人のエンジニアであるG.マルコーニ（Guglielmo Marconi）といえば，無線電信によって欧州とアメリカ大陸を初めて結んだ1901年の実験で有名であるが，それより以前の彼の実験の中にはイギリス海峡の軍用船舶と海岸局を結んだ初めてのモバイルコミュニケーションの実験もある．これを出発点として，モバイルコミュニケーションは発展していった．

本章では，モバイルコミュニケーションの歴史と，モバイルコミュニケーションネットワークについて簡単に説明する[1)～3),†]．

---

† 肩付き数字は巻末の引用・参考文献の番号を示す．

1.1 マルコーニの時代

　G. マルコーニは，1895年に無線電信を発明したといわれている．実験場はイタリアのボローニア郊外における自宅の屋根裏部屋であり，図1.1のような火花放電式無線機を置き，2.4 kmの遠方で受信したもので，実験の成功，不成功はライフル銃の発射によって確認したといわれている．モバイル通信といえる実験の成功は，1897年のイギリス海峡における軍用船舶と海岸局を結んだ実験である．船舶通信では，火花放電を行うに足りる電力供給を大形船舶ができること，無線機のみならず大形アンテナを置くスペースも十分にあったこと，船舶は当時の運輸交通の花形であったことなどにより，格好な実験対象になった．

図1.1　G. マルコーニと，彼が使用した火花放電式無線機

　当時は，まだ，電気信号を増幅する真空管がなかったので，電波の発生は雷と同じ原理の火花放電を利用した．放電による電波の周波数帯域は広い帯域にわたり，おもに長波から中波の周波数であり，まったくのランダム波形であった．それを帯域フィルタによってある程度の帯域幅の信号にするのであるが，当時は正弦波のような単一周波数で一定の振幅の信号などあり得なかった．現在の移動通信に利用される広帯域の符号分割多元接続（code division multiple access：CDMA）信号は正弦波を擬似ランダム符号と呼ばれる拡散符号で雑音のような状態に変調するので，正弦波を再生できる．CDMA信号は擬似ランダムであるが，実は規則性のある信号である．一方，火花放電の信号は受信側でどう処理しても規則正しい正弦波を再生できない純粋なランダム信号である．

　火花放電の無線機は船舶に広く利用され，特に有名な事件は，1912年のタイタニック号の遭難時に，SOS信号を出したことである．この事件以降，国際的に大形船舶の無線機が

義務づけされるようになった．無線通信の大きな役割の一つは安全の確保であり，タイタニック号においても，SOS信号の発射だけでなく，事故の前には他の船舶からの氷山の情報，天候の情報などが寄せられている．こうした通信の機能は今後自動車にも広く普及すると思われる．すなわち，カーナビゲーションのシステムである．現在でも初歩的なナビゲーションシステムであるGPS（global positioning system）が普及しているが，より高度化され，事故を未然に防ぐようなモバイル通信システムが普及するであろう．

1.2　ラジオ放送の時代

　ドフォーレ（Lee de Forest）は，1906年に信号を増幅できる三極真空管を発見した．図1.2のように増幅した信号を共振回路に通過させ，また元に戻して再び増幅すれば，共振周波数で持続的に一定振幅の正弦波を発振することも見いだされた．共振回路の周波数は自由に設定でき，送信側ではいろいろな周波数で信号を送り，受信側では送信側と同じ周波数で共振する回路により信号を選択し，受信する多重伝送も可能になった．

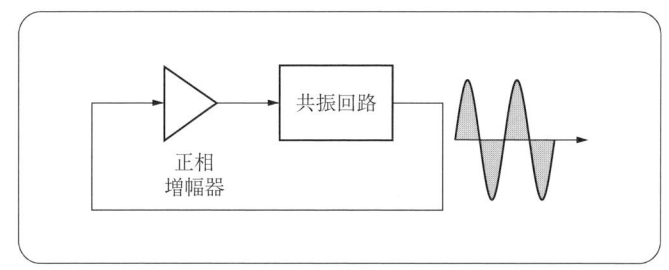

図1.2　正弦波の発振回路

　1920年代には，米国でAM（amplitude modulation：振幅変調）放送が開始されている．火花放電の無線通信はモールス符号による変調しかできないために，一般の人間が情報を解読できない．真空管で発生させた正弦波は音声によってAMができることがわかり，一般の人も音声を聞くことができる．しかも，複数の放送局が同時に同じエリアで信号を送れるのである．もちろん，この技術は船舶通信に利用されたし，相次ぐ世界大戦で発達した航空機にも利用された．

　米国のモトローラ社はそうした放送信号を車両で受信する装置を考案し，成功した．モバ

イル通信が一般の人に利用される以前は軍用や警察，消防などに利用され，特殊用途に留まっていた．しかし，類似の無線技術として車両での放送受信機を一般に普及させ，その後の一般利用のモバイル通信の基礎を築いたモトローラ社の功績は大きい．

1.3 アナログモバイル通信の時代

第二次世界大戦は，軍用の船舶，航空機，車両の著しい発達を促した．同時にそれらに搭載されたモバイル通信技術も同様に発達した．電話技術としては，AMよりも雑音に強いFM（frequency modulation：周波数変調）が開発され，戦後，放送に利用されるだけでなく，モバイル通信にも利用された．ただし，FMは受信SN比（signal-to-noise ratio：信号対雑音電力比）が高いときに，受信振幅に対するリミタによってすぐれた雑音抑制能力を示すが，SN比が低いと，雑音が信号を抑制して，逆に特性が悪化する．

旅客機と管制を結ぶ航空管制用通信において現在でもAMを利用しているのは，次のような理由による．航空機は飛行場の周辺に多数存在し，管制塔の指示を求める．同時に複数の航空機が管制塔を呼んだ場合には信号が重なる．FMであると，リミタによって大きい信号が聞こえて，小さい信号は聞こえない．これは，ディジタル通信の場合も同様である．AMであれば，同時に聞こえて，小さな信号の航空機の要求にも即座に応ずることができる．

1979年に，世界に先駆けて日本の電電公社が自動車電話サービスをFM方式で開始した．モバイル通信の第一世代（1G）と呼ばれる．移動局は移動しながら，トランシーバを利用し，電波を送受する．セルと呼ばれる適当なエリアを単位として，中心に基地局を置いて移動局と基地局を接続し，モバイル通信を行う方式をセルラー（cellular communication）方式と呼ぶ．図1.3（a）にその構成を示す．アクセス方式，すなわち送信側と受信側をいかに接続するかは，周波数分割多元接続（frequency division multiple access：FDMA）であり，複数の移動局が同時に基地局と接続するのに，異なる周波数スロットを用いる．隣接セルでは干渉が生じるため，同じ周波数を用いることができないので，図（b）のように例えば1から7までの周波数をとり，周波数を再利用する．同じ周波数は少し離れたセルが使うことになる．1から7の周波数によるセルの集合をクラスタと呼ぶ．変調方式はFMである．FMによる音声通信を聞くと自動車の動きにつれて，ばたばたという背景雑音が聞こえる．

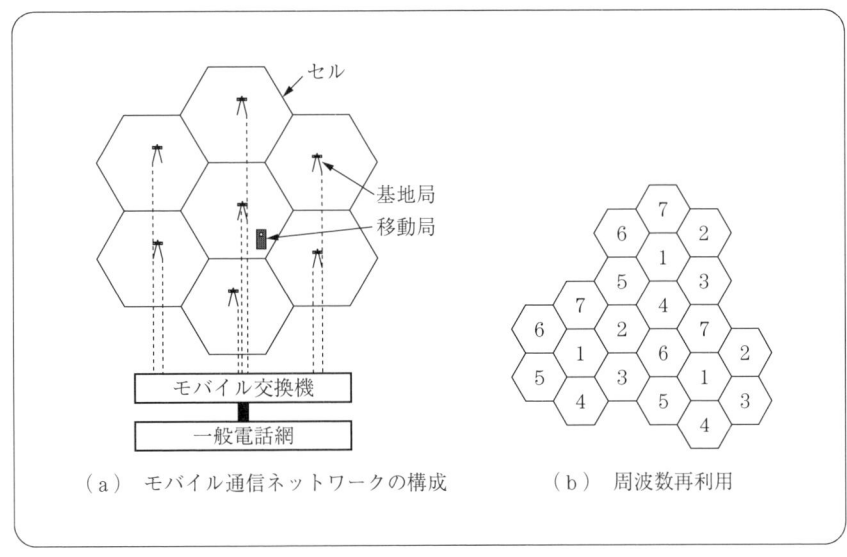

図 1.3　セルラー方式

ゆっくり動くと，ゆっくりとしたばたばた音が聞こえ，速く動くと速いばたばた音が聞こえる．また，マルチパスによって周波数特性に影響が生じ，復調したあとの音質がひずむことがある．FM はこうした耳障りな雑音やひずみがあることと，暗号化ができないために通信内容を他の受信者に知られるという欠点があった．

1.4 ディジタルモバイル通信の時代

アナログ通信の欠点である雑音や干渉に弱い特性と，秘話性のなさを克服したのがディジタルモバイル通信である．更に，音声の情報圧縮が 1980 年代に発達し，ディジタル伝送に必要な周波数帯域を大きく狭めることができ，アナログ方式より周波数の利用効率も良くなった．1990 年には欧州において GSM（global system for mobile communications）が第二世代モバイル通信（2 G）の最初を飾った．アクセス方式は TDMA（time division multiple access：時分割多元接続），変調方式は GMSK（gaussian minimum shift keying）であり，周波数帯域幅は 200 kHz である．日本では PDC（personal digital cellular）がアクセス方式として TDMA，変調は $\pi/4$ シフト QPSK（quadrature phase shift keying）であり，周波数帯域幅は 25 kHz である．ディジタル方式はアナログ方式よりも干渉に強いた

めに，図1.3（b）のような7のクラスタサイズよりも少ない3または4のようなものを利用できる．

2Gの中で最も話題になったのは，CDMAである．米国で提案されたIS-95標準がCDMAを利用した．サービス開始は1993年である．情報帯域よりもはるかに広い帯域へと拡散符号を用いて拡散し，干渉に強くすることで，隣接セルに同じ周波数を利用できる．クラスタサイズを1にできるので，周波数の利用効率を高くできる．米国のみならず，韓国と日本でも利用されている．周波数帯域幅は1.25 MHz，変調はQPSKとBPSK（binary PSK）である．

2000年代になると，第三世代モバイル通信（3G）が提案された．この中心になったアクセス方式はCDMAである．2Gで成功を収めたIS-95よりも帯域を広くしたものが標準化された．おもなるものは，WCDMA（wideband CDMA）であり，周波数帯域は約3.8 MHzであり，デュプレックス（双方向接続方法）は上下回線を異なる周波数で接続するFDD（frequency division duplex）と上下回線を異なる時間区間で接続するTDD（time division duplex）が採用された．TDDのWCDMAはTD-CDMA（time division CDMA）とも呼ばれ，単にデュプレックスがTDDであるのみならず，CDMAが時間スロットに分割され，CDMAとTDMAの合成されたものである．屋外におけるWCDMAの最大伝送速度は384 Kbpsであり，屋内では2 Mbpsである．

1.5 より高速なディジタルモバイル通信の時代

WCDMAは音声伝送とデータ通信や画像伝送も可能なマルチメディアタイプであるが，音声が中心である．パーソナルコンピュータが大容量のメモリをもつようになると，より高速な通信の必要性がでてくる．WCDMAの伝送方式を生かしながら，10 Mbps以上の高速な伝送を指向するHSDPA（high speed down link packet access）が提案されている．

WCDMAの搬送波は一つであり，SC-CDMA（single carrier-CDMA）に分類される．CDMAは広帯域にすることによって，複数のマルチパスの分離を可能にし，受信機では分離できたパスをrake（熊手）合成によって，パスダイバーシチ受信が可能になる．しかし，この合成法は数MHz程度の帯域には効果があるが，それ以上になるとパスの数が多くなり，しかも，パス間が完全な直交になっていないために，パス間の干渉が無視できなくな

り，rake 合成による利得が十分に得られない．それに対処する二つの方法が考えられている．

CDMA における二つの方法とは受信側で対処するか，送信側で対処するかによる．受信側での方法は，複数のパスの数を等化器によって減らして，パス間干渉を小さくする．送信側での方法は，複数本の搬送波を利用するもので，マルチキャリヤ CDMA と呼ばれ，MC-CDMA と MC-DS-CDMA に分類される．詳しくは 5 章を参照されたい．

1.6 より小さなエリアの通信

セルラー通信は数百 m から数 km の半径のセルを 1 単位のエリアとする公共的な通信であるが，私的なモバイル通信も考えられる．代表的なものが無線 LAN である．これが利用するエリアは数十 m から数百 m のエリアである．家の中とか，オフィスの中で私的に利用する場合が多い．標準としては，1990 年代後半に IEEE（米国電気電子学会）の 802.11 委員会が決めた IEEE 802.11 a と IEEE 802.11 g がおもに用いられている．前者は 5.2 GHz，後者は 2.4 GHz を利用するもので，いずれも最大 54 Mbps のデータ速度である．変調方式としては，直交した複数の搬送波を持つ直交周波数分割多重（orthogonal frequency division multiplexing：OFDM）が利用されている．

無線 LAN よりも狭いエリアで，より高速な数百 Mbps の伝送速度をねらう通信が UWB（ultra wide band）である．OFDM を周波数ホッピングさせる方法と，極く短いパルスを用いる方法が知られている．周波数帯は 3 GHz から 11 GHz であるが，この帯域は他の通信でも利用されているので，単位周波数当りの送信電力密度は小さく抑えられている．

本章のまとめ

❶ **火花放電式無線機** 真空管の発明以前の電波放射は高電圧を金属電極にかけて放電させることで得ていた．そのため，信号の周波数は広がり，振幅も変動し，それらを自由に制御したりすることが困難であった．

❷ **三極真空管** 三極真空管は小さな信号を増幅することができる．この原理と，ある周波数に共振する共振回路を組み合わせると，共振周波数で持続的に一定振幅で

発振できる．この信号の周波数帯域は狭く，異なる周波数の信号で，同時に通信が可能になる（周波数多重）というメリットや，より小形であり，安全でもあるため，真空管式無線機が火花放電式無線機に代わった．あとに，真空管式無線機はトランジスタ式無線機に置き換わり，今日に至る．特定の周波数で発振できる技術によって，あとの AM や FM の変調や，更にディジタル変調が可能になっている．

❸ **セルラー通信**　移動局が広いエリアで自由に動き回りながら通信するには，適当な間隔で基地局を設けて，移動局と通信させ，その基地局から遠くなると別の基地局と受け渡す（ハンドオフ）というように構成する．一つの基地局から見ると，そこを中心にサービスエリアができて，一つの細胞（セル）のようになり，他の細胞と接するようになるので，セルラー通信と呼ぶ．

❹ **アナログモバイル通信時代**　おもに FM 方式によるセルラー通信が行われた．多元接続方式では周波数分割多元接続（FDMA）が用いられていた．しかし，アナログ方式では雑音や干渉に弱いために，周波数の利用効率を高くできないし，音声の暗号化も困難である．第一世代移動通信（1 G）とも呼ぶ．

❺ **ディジタルモバイル通信時代**　アナログ方式による欠点を克服するためにセルラー通信に導入され，周波数の利用効率，暗号化，音声以外のデータ通信や画像通信の採用など大きな改良が行われた．多元接続方式として，第二世代移動通信（2 G）では時分割多元接続（TDMA）と符号分割多元接続（CDMA）が利用され，第三世代移動通信（3 G）では広帯域な CDMA が利用されている．セルラーのような大規模なモバイル通信だけでなく，無線 LAN などの小規模な通信も発達している．標準としては IEEE 802.11 などの標準である．これらのモバイル通信はセル構成にこだわらないアドホック的なネットワーク構成になる場合も多い．

―――――●理解度の確認●―――――

問 1.1　六角形セルの集合をクラスタと呼ぶ．クラスタサイズ N は $N = i^2 + ij + j^2$ で与えられる．ここに，i と j は非負の整数である．この式からアナログセルラー通信で用いられている $N = 7$ が成立するかを確認し，これより少ない N を求めよ．

問 1.2　$N = 4$ のクラスタが構成できるかを確認し，もしそれができるのなら，図 1.3（b）のようなセルの分布図を描いてみよ．

問 1.3　$N = 7$ より少ない数のクラスタサイズをアナログセルラーでは用いない．その理由を述べよ．

2 電波伝搬

　モバイルコミュニケーションでは，情報によって正弦波の搬送波を変調し，その信号を増幅し，送信アンテナを経て空間に放射する．空間を伝搬した信号（電波）は受信アンテナを経て，復調され元の情報に戻る．他の通信，例えば，有線通信ではケーブルやファイバを利用すれば安定した特性が得られるが，モバイルコミュニケーションでは媒体を空間に依存するので，空間の状況，例えば，送受間の距離の長短，見通しの良い状況か，山やビルが途中にあり見通せない状況か，移動局が高速に移動しているかなどで電波の伝わり方が大きく異なってくる．このために，方式設計や回線設計をする重要な項目として，電波の伝わり方の特性，すなわち，電波伝搬特性があげられる[1)～3)]．

　本章では，電波の伝わり方の基本的な性質を述べる．まず，電波の周波数区分について触れる．周波数によって伝搬特性が大きく異なるからである．

2.1 周波数区分

空間を伝わる電波の周波数は，アンテナの設計に大きな影響を及ぼすだけでなく，アンテナから空間に放射されてからの伝搬特性に大きく影響してくる．同じような周波数であれば，同じような伝搬特性を示す．異なる周波数では同じ地理的状況でも伝搬特性が異なる．ここでは，周波数区分を示しながら，その特性と，利用方法を簡単に述べる．

モバイルコミュニケーションに用いられる周波数は，通常，数百 MHz 以上とされているが，周波数はシステム設計上重要なファクタであり，周波数区分とその使用例を図 2.1 に示す．

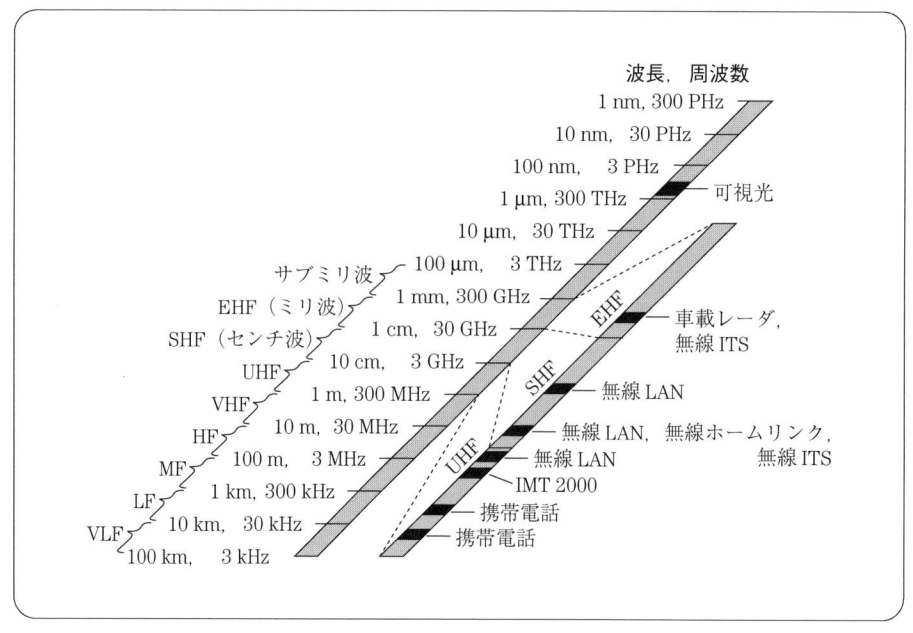

図 2.1 周波数区分とその使用例

この図には VLF（超長波）から光以上までが示されているが，その中でモバイルコミュニケーションに関係する代表的なものを次に挙げる．すなわち，携帯電話は 800 MHz と 1.5 GHz の帯域，2002 年に開始の IMT 2000（日本では WCDMA）の 2 GHz 帯，無線 LAN（WLAN）の利用する ISM (industrial scientific medical) band の 2.4 GHz 帯，無線

LAN と無線ホームリンク，無線 ITS (intelligent transport systems) が利用する 5 GHz 帯，無線 LAN の 19 GHz 帯，車載レーダや無線 ITS 用の 60 GHz 帯である．この中で 800 MHz の波長が最も長く，40 cm 程度，最も短いのが 60 GHz の 5 mm である．最も低い周波数である 800 MHz と高い周波数の 60 GHz では伝搬特性が相当異なる．前者では家やビル内にも基地局からの電波が侵入し携帯電話に利用できるが，後者では減衰が大きいので，そのような利用が困難になる反面，広い帯域や鋭い指向性を生かしたレーダや，道路上の比較的見通しの良い車々間通信などに利用される．

2.2 自由空間伝搬

アンテナから放射された電波は空間を広がりながら伝搬する．周辺に何もない状態で，反射や回折，散乱，吸収などがない状態の伝搬を自由空間伝搬 (free space propagation) と呼ぶ．図 2.2 のように仮に送信アンテナを微小な点アンテナとして，放射電力を P_t 〔W〕とすると，d 〔m〕の距離では単位面積当りの電力 W_r 〔W/m²〕は次式となる．

$$W_r = \frac{P_t}{4\pi d^2} \ \text{〔W/m}^2\text{〕} \tag{2.1}$$

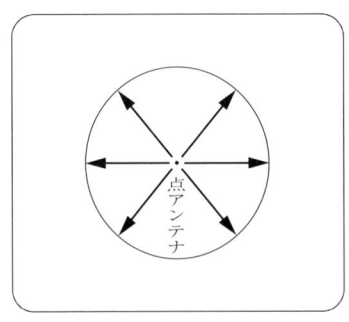

図 2.2 点アンテナからの自由空間伝搬

受信アンテナの実効面積 A_e 〔m²〕と，そのアンテナ利得の関係は

$$G_r = \frac{4\pi A_e}{\lambda^2} \tag{2.2}$$

が知られている．ここで，λ は電波の波長である．d における受信電力 P_r は，W_r に受信アンテナの実効面積をかけたものになるので

$$P_r = W_r A_e = \left(\frac{\lambda}{4\pi d}\right)^2 G_r P_t \tag{2.3}$$

となる．アンテナ利得を1と置いて（利得1のアンテナとは完全無指向性のアンテナをいい，どの方向からも一様に電波を受けるアンテナである．利得が1以上になればなるほど，指向性が強くなる），送信電力を分子に，d における受信電力を分母にした比 L_f が自由空間伝搬損（free space propagation loss）となり，次式で与えられる．

$$L_f = \frac{P_t}{P_r} = \left(\frac{4\pi d}{\lambda}\right)^2 \tag{2.4}$$

ここで，dB（デシベル）表示にするには，10を底とする対数を求め，これを10倍すれば次式となる．

$$L_f = 10\log\frac{P_t}{P_r} = 10\log\left(\frac{4\pi d}{\lambda}\right)^2 \;\;[\text{dB}] \tag{2.5}$$

ここで，信号伝送の分野では，損失のみならず，電力も dB で表示するので，慣れておく必要がある．そのことを式(2.3)に適用する．dB は何らかの量との比に対して求められるので，この式の両辺を適当な基準電力 P_0 で割る．

$$\frac{P_r}{P_0} = \left(\frac{\lambda}{4\pi d}\right)^2 G_r \frac{P_t}{P_0} \tag{2.6}$$

両辺の対数を求め，これを10倍すれば

$$10\log\frac{P_r}{P_0} = 10\log\left[\left(\frac{\lambda}{4\pi d}\right)^2 G_r \frac{P_t}{P_0}\right] = 10\log\frac{P_t}{P_0} + 10\log G_r - 10\log\left(\frac{4\pi d}{\lambda}\right)^2 \tag{2.7}$$

となる．$P_0 = 1\,\text{W}$ とすると，1 W と比較した値になり，上式は

$$P_r = P_t + G_r - L_f \;\;[\text{dBW}] \tag{2.8}$$

となる．ここで，dBW とは1 W の基準電力と比較した場合のdB値であり，基準電力を 1 mW にしたとき dBm と表す．0 dBW は 1 W，0 dBm は 1 mW に対する dB 値である．また，30 dBm＝0 dBW である．dBm による場合も同じ形で表され次式となる．

$$P_r = P_t + G_r - L_f \;\;[\text{dBm}] \tag{2.9}$$

例えば，受信アンテナ利得 G_r が 10 dB，自由空間伝搬損が 60 dB，送信電力が 0 dBW であれば，受信電力は式(2.8)より

$$P_r = 0\,\text{dBW} + 10\,\text{dB} - 60\,\text{dB} = -50\,\text{dBW}$$

になる．dBm の単位でこれを計算すると，式(2.9)より受信電力は次の値となる．

$$P_r = 30\,\text{dBm} + 10\,\text{dB} - 60\,\text{dB} = -20\,\text{dBm}$$

例題 2.1 周波数が VHF の 95.5 MHz（＝$300/\pi$ [MHz]）である場合の自由空間伝搬損を求めよ．ただし，$d = 100\,\text{m}$ である．また，周波数が10倍になるとどうなるか答えよ．

解答 まず，波長 λ を計算する．1 s（秒）間に電波が到達する距離を周波数で割ることで求まる．

$$\lambda = \frac{c}{f} = \frac{3\times 10^8\,\text{[m]}}{\dfrac{300}{\pi}\times 10^6} = \pi\,\text{[m]}$$

これと，$d=100\,\text{m}$ を式(2.4)に代入すると，160 000 となる．すなわち，送信された電力は 160 000 分の 1 になってしまう．dB 表示にするには，式(3.5)に代入して

$$L_f = 10\log\left(\frac{4\pi 100}{\pi}\right)^2 = 10\log(400)^2 = 20(\log 4 + 2) = 20(2.6) = 52\quad\text{dB}$$

となり，52 dB の損失があったことになる．ここでは，$\log 4 = 0.6$ としている．

次に，周波数が 10 倍になると，波長は逆に 1/10 となり，損失は 100 倍になる．dB では 20 dB 多くなり，次の値となる．

$$L_f = 10\log\left(\frac{4\pi 100}{\dfrac{\pi}{10}}\right)^2 = 20\log(4\,000) = 72\quad\text{dB}$$

♠

例題 2.2 UHF の周波数 955 MHz（$=3\,000/\pi$ [MHz]）で地上から月の表面までの自由空間伝搬損と，仮にシングルモードファイバで月まで到達できるとしての損失と，どちらがどれだけ大きいか答えよ．図 2.3 のように，地球から月までは 38 万 km あり，ファイバの km 当りの損失は 0.2 dB とする．ただし，計算の便宜上から月までを 40 万 km とする．

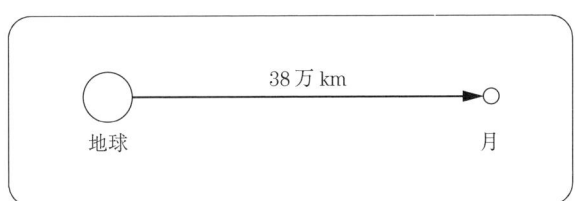

図 2.3 地球から月まで（減衰は，ファイバよりも電波のほうが圧倒的に少ない）

解答 ファイバのほうが計算が容易なので，まず次のように求まる．

$$L_{\text{fiber}} = 0.2\times 4\times 10^5 = 8\times 10^4 = 80\,000\quad\text{dB}$$

遠方の月までは，さすがのファイバでも巨大な損失であることがわかる．光ファイバ，特にシングルモードファイバは低損失が特徴であり，それゆえに世界を変えてきたのにもかかわらずである．

次に，自由空間の電波の伝搬はどうだろうか．損失は

$$L_f = 10\log\left(\frac{4\pi d}{\lambda}\right)^2 = 20\log\left(\frac{4\pi\times 4\times 10^8}{0.1\pi}\right) = 20\log(16\times 10^9) = 20(\log 16 + 9)$$
$$= 20(1.2+9) = 204\quad\text{dB}$$

である．その差は $80\,000 - 204 = 79\,796$ dB であり，減衰は電波を飛ばしたほうが圧倒的に少ない．

♠

送信及び受信のアンテナ利得がそれぞれ G_t, G_r の場合に，自由空間を経て受信される電力は次のようになる．

$$P_r = P_t + G_t + G_r - L_f \quad \text{[dBW]} \tag{2.10}$$

これらのアンテナ利得が大きいほど自由空間伝搬損を補償して，受信電力は大きくなる．例えば，受信アンテナ利得 G_r が 10 dB，自由空間伝搬損が 60 dB，送信電力が 0 dBW であり，送信アンテナ利得 G_t が 20 dB であると，式(2.10)から受信電力は -30 dBW である．これは dBm では 0 dBm となる．アンテナ利得は先に述べたように指向性を表すパラメータである．大きな利得のアンテナは指向性の強いアンテナである．

2.3 障害物のある伝搬

モバイル通信の伝搬環境は自由空間であるよりも何らかの障害物の存在を考えなければならない．例えば，市街地では直接波（direct wave）以外に，ビルなどによる反射（reflection）や，回折（diffraction），散乱（scattering）のあとにモバイル端末に電波が到達する．室内では家具や壁によるこれらの電波以外に，壁や間仕切りによる透過（penetration）波も考えられる．

2.3.1 市街地伝搬

モバイル通信の歴史はセルラー系から始まっており，数 km の範囲のセルを扱う市街地伝搬については多くの測定例がある．また，一つのセルの範囲も広いため，見通し内（line of sight：LOS）伝搬は少なく，多くは見通し外（out of sight：OOS）伝搬であり，伝搬路中に多くの建物などがあるので，統計的に伝搬を論じやすい．

〔1〕 **瞬時値変動** 図 2.4 は，市街地を移動しながら，あるセルの固定的な基地局から送られてくる電波の受信振幅を測定するとどうなるかのイメージ図である．

距離としては数 m 程度を移動したにもかかわらず，受信振幅が大きく変動し，その幅は 30 dB（千倍）程度にも及ぶ．これを瞬時値変動（fast fading）と呼び，この確率密度関数はレイリー分布（Rayleigh distribution，2.5 節で説明）を示す場合が多い．距離に対する変動のピッチは使用する周波数に依存している．周波数が低い，すなわち波長が長ければ

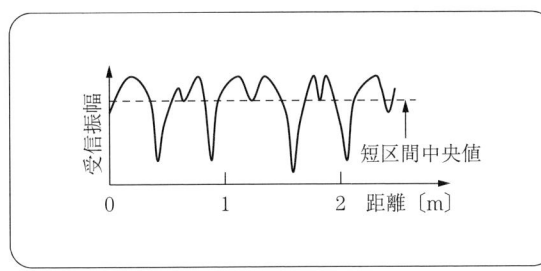

図 2.4 市街地伝搬受信振幅

ピッチは低くなり，振幅の山と谷はゆっくりと現れる．周波数が高ければ，すなわち波長が短ければピッチは高くなって，少し移動しただけで頻繁に山と谷が現れる．これは複数の異なる伝搬経路の電波が移動端末で受信できることから生じるマルチパス伝搬によっているからである．複数のパスの中には遠くの山から反射したパスや，途中のビルから反射や散乱を繰り返したものなど，さまざまの長さの遅延量をもっていて，ある受信位置では複数のパスの位相が一致して山を作り，ある位置では互いの位相関係が逆相となり谷を作る．

〔2〕 **短区間中央値変動** 図 2.4 の破線は，この短区間（small scale）の中央値（median value）を示しており，数 10 波長の区間の中央値をとる．この中央値も短区間ごとに値が変動する．変動の原因はシャドーウイングによるものであり，建物や丘などで電波がさえぎられることによる．この確率密度関数はこの値を対数にしたものが正規分布（normal distribution）になる対数正規分布（log-normal distribution）を示す場合が多い．

〔3〕 **長区間中央値** 短区間中央値の中央値，すなわち長区間（large scale）中央値も変動する．これは基地局からの距離による損失であるが，自由空間伝搬損が式(2.4)のように距離 d の二乗に比例するのに比べて，減衰の度合いは大きい．図 2.5 では実線がそれを示し，破線が自由空間伝搬によるものである．自由空間伝搬による場合は，例えば 5 km と 10 km を比較すると，4 倍（6 dB）の違いであるが，市街地伝搬では 10 倍（10 dB）以上と大きな減衰になる．

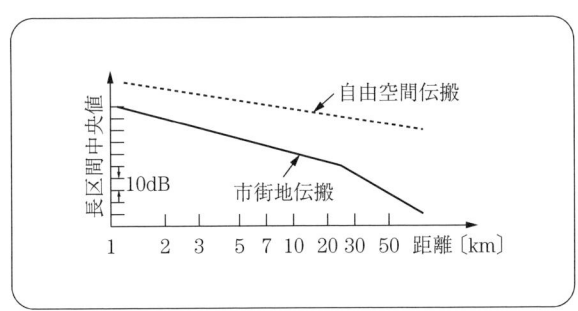

図 2.5 長区間中央値

この長区間中央値はセルの範囲を決める重要な値であり，これを図によるカーブにして広く利用されているのが，奥村カーブである．また，これを式で表現しているのが秦式であ

る．秦式は市街地，郊外地，開放地に分類し伝搬損の式を示している．

2.3.2 マイクロセル伝搬

日本では PHS（personal handy-phone system）に代表される数百 m 以内の半径のセルをマイクロセルと呼ぶ．このセルでは見通し内の利用も多くなる．見通し内では一定の強さで受かる直接波とレイリー分布を示しやすい反射波などの間接的な波の合成によってライス分布（Rician distribution）を持つ受信振幅になる．振幅変動も直接波のおかげで少ない．一方，見通し外伝搬になると市街地伝搬に見られるレイリー分布となる．

2.3.3 室内伝搬

最近になって，無線 LAN の普及に伴い室内伝搬特性も重要になってきた．オフィスの間仕切りの伝搬損失については文献 2) に詳細が示されている．例えば，乾燥したベニヤ板（3/4 インチ 1 枚）で，9.6 GHz では 1 dB の損失，28.8 GHz では 4 dB の損失と，木材による簡単なものでは損失は少ない．9.6 GHz よりも低い 5.2 GHz や 2.4 GHz の無線 LAN では，このような材質の間仕切りは，周波数が低いので，更に損失が少なく，ない場合と同じである．しかし，湿ったベニヤでは同じ条件でそれぞれ 19 dB，32 dB と大きな損失になる．木材も水分を吸うと大きな損失になるのがわかるが，室内では湿った状態は珍しい．

2.4 フェージング

複数の素波がモバイル端末に届くとどうなるかを，ここでは，見通し外伝搬のモデルと見通し内伝搬モデルを扱い解説する．フェージングは 2.3.1 項の瞬時値変動である．

2.4.1 見通し外伝搬

図 2.6 は市街地における見通し外伝搬の概念図である．送信アンテナと受信アンテナが見通せない場合は直接波がないために，反射波，回折波，散乱波などが受信アンテナに入力さ

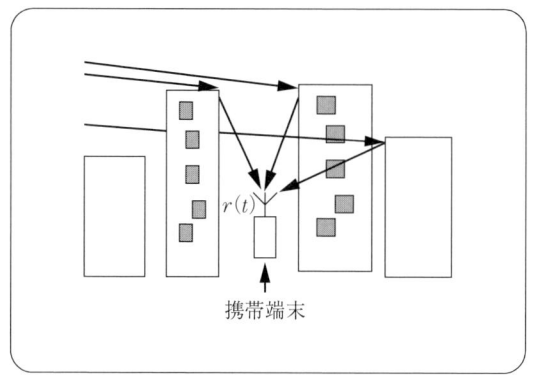

図 2.6　見通し外伝搬

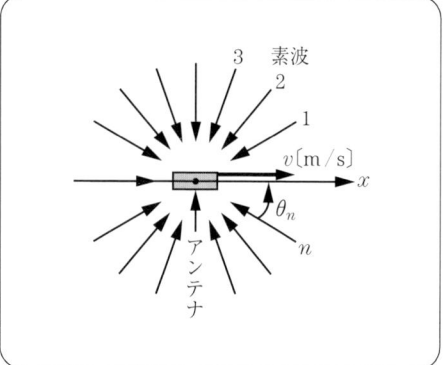

図 2.7　到来素波とモバイル端末

れる．それらの複数のパスは統計的に独立なため，アンテナの受信信号 $r(t)$ の確率密度関数は正規分布を示す．

図 2.7 は，モバイル端末を上から見わたした概念図であり，アンテナに受信する複数の素波 $1, 2, 3, \cdots, n$ を示している．端末は x 軸方向に v 〔m/s〕の速度で移動する．

n 番目の素波は，x 軸と θ_n の角度をなし，次のように表す．

$$r_n(t) = \mathrm{Re}[z_n(t) \exp(j\,2\pi f_c t)] \tag{2.11}$$

Re は複素数の実部を示す．$z_n(t)$ は複素包絡線（complex envelope）であり，f_c は素波の周波数である．この素波は，振幅 R_n と位相 ϕ_n をもち，長さ l_n の経路で位相が変化し，かつモバイル端末が x 軸方向に速度 v で移動しているので，ドップラーシフト（Doppler shift）の影響がある．これらをまとめて複素包絡線で表現すると次式になる．

$$z_n(t) = R_n \exp\left(-j\,2\pi \frac{l_n - vt\cos\theta_n}{\lambda} + \phi_n\right) = x_n(t) + jy_n(t) \tag{2.12}$$

λ は素波の波長で $\lambda = c/f_c$ であり

$$\frac{v}{\lambda} = f_D \tag{2.13}$$

は最大ドップラー周波数を示している．アンテナで合成される信号は次のようになる．

$$r(t) = \sum_{n=1}^{N} r_n(t) = \mathrm{Re}\left[\sum_{n=1}^{N} z_n(t) \exp(j\,2\pi f_c t)\right] \tag{2.14}$$

ここに，$\sum_{n=1}^{N} z_n(t) = z(t)$ と置くと

$$z(t) = \sum_{n=1}^{N} z_n = \sum_{n=1}^{N} x_n + j\sum_{n=1}^{N} y_n = x(t) + jy(t) \tag{2.15}$$

と表される．こうして，$r(t)$ は次式となる．

$$\begin{aligned} r(t) &= \mathrm{Re}[(x(t) + jy(t))(\cos 2\pi f_c t + j\sin 2\pi f_c t)] \\ &= x(t)\cos(2\pi f_c t) - y(t)\sin(2\pi f_c t) \end{aligned} \tag{2.16}$$

$$x(t) = \sum_{n=1}^{N} x_n, \quad y(t) = \sum_{n=1}^{N} y_n(t)$$

であり，$x(t)$，$y(t)$ は N が十分に大きい場合に中心極限定理から正規分布を示し，互いに独立である．それらの平均は 0 で，分散値は同じで b_0 とする．$r(t)$ も同様に正規分布をもつ信号となる．$r(t)$ も同じ分散 b_0 をもつことも次の計算からわかる．

まず，平均値であるが

$$E[r(t)] = E[x(t)]\cos(2\pi f_c t) - E[y(t)]\sin(2\pi f_c t) = 0 \tag{2.17}$$

となる．なぜならば，素波の平均値は 0 であり，その和である $r(t)$ も平均値は 0 であるからである．平均値が 0 であれば，分散と二乗平均は一致するから二乗平均を計算すると

$$\begin{aligned}E[r^2(t)] &= E[x^2(t)]\cos^2(2\pi f_c t) + E[y^2(t)]\sin^2(2\pi f_c t) \\ &= b_0(\cos^2(2\pi f_c t) + \sin^2(2\pi f_c t)) = b_0\end{aligned} \tag{2.18}$$

となる．図 2.8 にその分布を示す．個々の素波は正規分布をもたなくとも，独立の素波が多く集まると正規分布になるというのが中心極限定理である．およそ 8 波の和で正規分布に近似されるという．

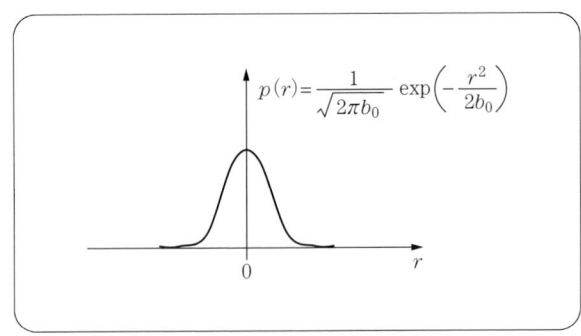

図 2.8　正規分布を示す受信信号

時間波形を図 2.9 に示す．振幅と位相の変動の速さは，ドップラーシフトに関係する．$r(t)$ を物理的に理解しやすい振幅 $R(t)$ と位相 $\phi(t)$ によって表すと次式のようになる．

$$r(t) = R(t)\cos[2\pi f_c t + \phi(t)] \tag{2.19}$$

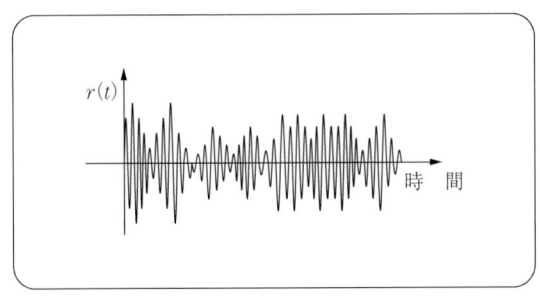

図 2.9　受信信号 $r(t)$ の時間波形

$R(t)$, $\phi(t)$ と $x(t)$, $y(t)$ には次式の関係がある．

$$R(t) = \sqrt{x^2(t) + y^2(t)}, \quad \phi(t) = \tan^{-1}\frac{y(t)}{x(t)} \tag{2.20}$$

これから R, ϕ の確率密度関数は次式のようになる．

$$p(R) = \frac{R}{b_0}\exp\left(-\frac{R^2}{2b_0}\right), \quad p(\phi) = \frac{1}{2\pi} \tag{2.21}$$

振幅 R はレイリー分布に，位相 ϕ は一様分布になる．図 2.10 (a), (b) にそれらの確率密度分布を，図 (c), (d) に時間変動波形を示す．

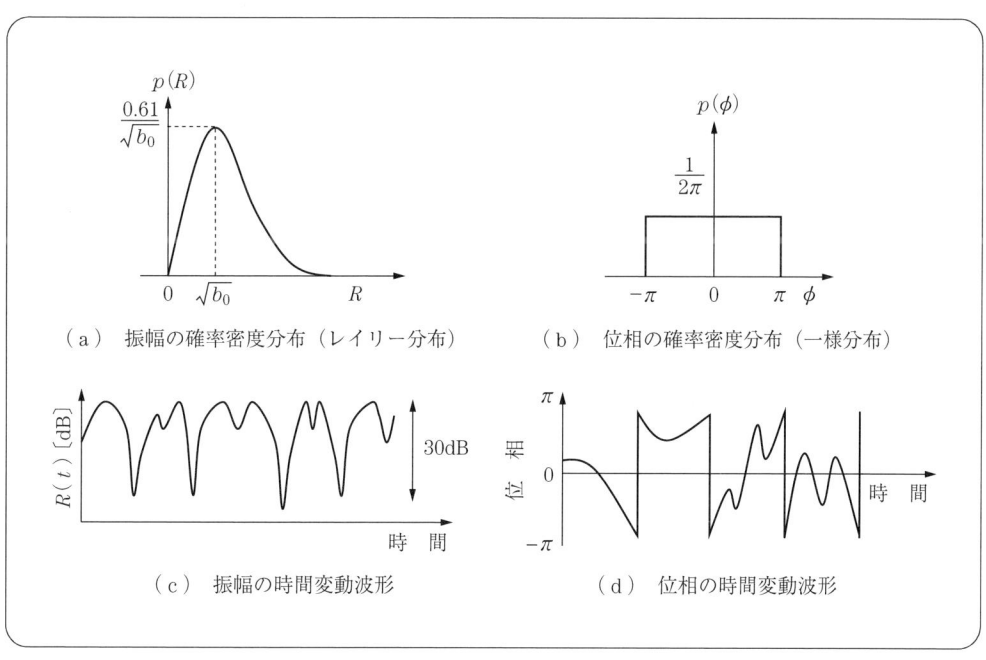

図 2.10 振幅と位相の確率密度分布と時間変動波形

例題 2.3 レイリー分布の平均値と分散を求めよ．更に，分布の極大値を求めよ．

解答

$$p(R) = \frac{R}{b_0}\exp\left(-\frac{R^2}{2b_0}\right)$$

であり，この平均は

$$E[R] = \int_0^\infty R P(R)\,dR = \int_0^\infty R\frac{R}{b_0}\exp\left(-\frac{R^2}{2b_0}\right)dR = \sqrt{\frac{\pi}{2}b_0} = 1.25\sqrt{b_0}$$

となる．分散を求めるのに二乗平均をとると

$$E[R^2] = 2b_0$$

となり，分散は次のようになる．

$$\sigma_R^2 = \left(2 - \frac{\pi}{2}\right) b_0 = 0.43\, b_0$$

一方,極大値は微分から容易に求まり,$R = \sqrt{b_0}$ の点で,その値は

$$p(\sqrt{b_0}) = \frac{1}{\sqrt{b_0}} \exp\left(-\frac{1}{2}\right)$$

となる.この結果を図 2.11 に示す.

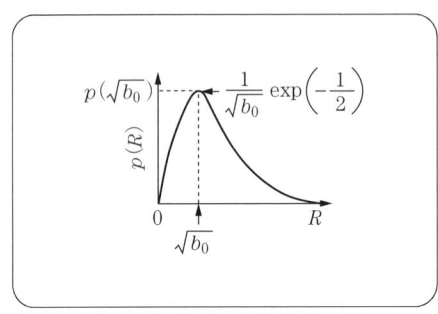

図 2.11 レイリー分布の極大値

〔1〕 **ドップラーシフトで広がるスペクトル** ドップラーシフトがなければマルチパスによって信号がばらばらに伝搬され,合成されてもスペクトルは広がらない.図 2.12(a) にそうした線状の電力スペクトルを示す.この場合,送られる信号は無変調で,線スペクトルをもつ持続波(continuous wave:CW)である.もちろん,受信する場所によってその電力値は異なる.図(b)はドップラーシフトによって $f_c - f_D$ から $f_c + f_D$ へとスペクトルが広がる状態を示す.$f_c - f_D$ は移動体の進む後方からの素波によって生じ,$f_c + f_D$ は前方からの素波による.

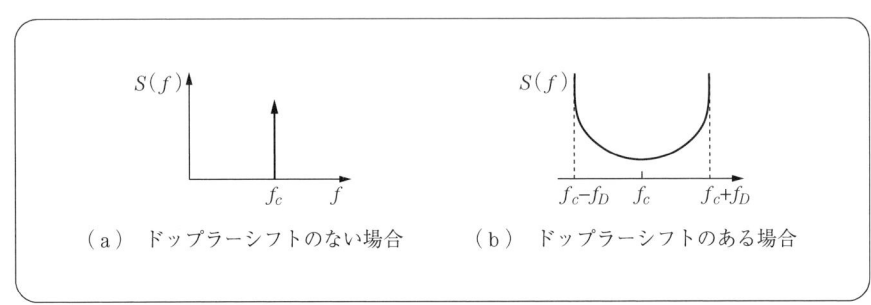

(a) ドップラーシフトのない場合 (b) ドップラーシフトのある場合

図 2.12 マルチパスフェージングと電力スペクトル密度

受信アンテナが受ける総電力 P_r は次式から求まる.

$$P_r = \int_0^{2\pi} AG(\theta) p(\theta)\, d\theta \tag{2.22}$$

$p(\theta)$ は到来素波の角度に対する分布であり,均一に到来すれば $p(\theta) = 1/2\pi$ となる.また,$G(\theta)$ は到来角度ごとのアンテナ利得である.A は等方性アンテナに受信される平均電

力である．均一に到来し，アンテナ利得 $G(\theta)=1$ とすると結局 $P_r=A$ となる．式(2.22)の微小区間の量は $AG(\theta)p(\theta)d\theta$ となる．先ほどの利得，角度に対する分布を代入すると，$(A/2\pi)d\theta$ がその量となる．

ドップラーシフトを受けるモバイル端末の受信アンテナが受信する素波の瞬時的な周波数は到来角度 θ により

$$f(\theta)=f_c+f_D\cos\theta \tag{2.23}$$

である．f から $f+df$ に含まれる電力 $S(f)|df|$ と，$\theta\sim\theta+d\theta$ と $-\theta\sim-\theta-d\theta$ に到来する電力は等しい．アンテナに受信される平均信号電力を A とすると

$$S(f)|df|=2\times\frac{A}{2\pi}|d\theta|=\frac{A}{\pi}|d\theta| \tag{2.24}$$

となる．この式と式(2.23)から電力スペクトル密度 $S(f)$ は次式のようになる．

$$S(f)=\frac{A}{\pi}\left|\frac{d\theta}{df}\right|=\frac{A}{\pi}\frac{1}{\sqrt{f_D^2-(f-f_c)^2}} \tag{2.25}$$

図2.12(b)はこれを示したものである．

なお，上記のスペクトルにおいて，$f_c=0$ として，等価低域系によると次式で表される．

$$S_L(f)=\frac{A}{\pi}\frac{1}{\sqrt{f_D^2-f^2}} \tag{2.26}$$

〔2〕**時間相関特性**　先に得られた等価低域系表現 $S_L(f)$ の電力スペクトル密度をフーリエ逆変換することで時間相関関数

$$\rho(\tau)=AJ_0(2\pi f_D\tau) \tag{2.27}$$

が得られる．この意味はある時点での受信信号と τ だけ離れて観測したときの信号の自己相関を示している．**図2.13**にその時間相関特性を示す．式(2.27)の $J_0(x)$ は第1種ベッセル関数を表す．

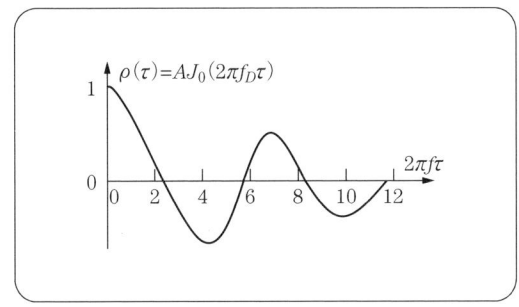

図2.13　時間相関特性

〔3〕**空間相関特性**　走行距離 d と v の間には $d=v\tau$ の関係があり，式(2.27)にこの関係を代入することで，空間相関

$$\rho(d)=AJ_0\left(\frac{2\pi d}{\lambda}\right) \tag{2.28}$$

が得られる．図 2.13 の横軸を $2\pi f\tau$ から $2\pi d/\lambda$ にすることで，$\rho(d)=AJ_0(2\pi d/\lambda)$ の図が得られる．同じ形状なので図は省略する．この空間相関から $d=\lambda/2$ の距離にある二つのアンテナはほぼ無相関に近いとされ，ダイバーシチ受信によく利用される基準になる．しかし，周囲 360°ほぼ平等に素波が到着するような，携帯端末が狭い路地などで利用される状況においてであり，携帯端末から出された信号を，周囲が開けた鉄塔上の基地局で受信するような場合は，こうした空間相関特性にならず，無相関とするには更に長い距離が必要になる．

〔4〕 **選択性フェージングにおける遅延プロファイル** 〔3〕までの議論は送信信号の帯域は 0 とし，受信信号帯域の広がりはドップラーシフトによるものを仮定していた．一方，広い帯域を仮定する信号の伝送も重要である．データレートが高くなれば周波数帯域も広がるからである．また，意図的に広げるスペクトル拡散通信のようなものもある．このような信号においては，マルチパスによって，伝送特性が一様でなくなり，ある周波数では強く，ある周波数では弱くなる．これを選択性フェージング (selective fading) と呼ぶ．

送信機からインパルス信号を送るとすると，インパルス信号は空間のマルチパスによって受信側で $h(t,\tau)$ の複素インパルス応答となる．t は時刻であり，τ は遅延量である．複数の時刻でこれを観測し，$h_1(\tau)=h(t_1,\tau), h_2(\tau)=h(t_2,\tau),\cdots,h_N(\tau)=h(t_N,\tau)$ とする．これらのインパルス応答は時刻ごとに異なるものである．ある時刻 t_i における遅延プロファイル P_i は電力のディメンションをとるために

$$P_i(\tau)=|h_i(\tau)|^2 \tag{2.29}$$

のように表す．

これは時刻ごとに変わり平均的なものではないので，次のような平均パワー遅延プロファイルが用いられる．

$$P(\tau)=\frac{1}{N}\sum_{i=1}^{N}P_i(\tau)=\frac{1}{N}\sum_{i=1}^{N}|h_i(\tau)|^2 \tag{2.30}$$

このプロファイルの概念図を**図 2.14** に示す．この例は室内の伝搬結果を模式化している．縦軸は，最大ピークのパワーを 0 dB にした正規化された dB 表示である．いくつかのピークが見える．一番下の破線はノイズとの境界をつけるためのしきい値 (threshold level) である．横軸は遅延時間が 100 ns（ナノ秒）ごとに目盛られている．-10 dB のところで，遅延の広がりを表す簡易な量として最大遅延量がある．更に，50 ns 付近に平均遅延量が示され，そこからの標準偏差が遅延スプレッド (delay spread) σ_τ である．ここでは 40 ns 程度である．一般的には遅延の広がりをこの遅延スプレッドで表す場合が多い．

この図は室内伝搬，それもオフィスのような広い空間のものを概念化したが，セルラーシステム（一般の携帯電話のシステムで，数百 m から数 km 程度の半径をもつセルの中心に基地局をもち，その半径内の携帯機と信号を交換する）では遅延スプレッドが数 μs 程度が

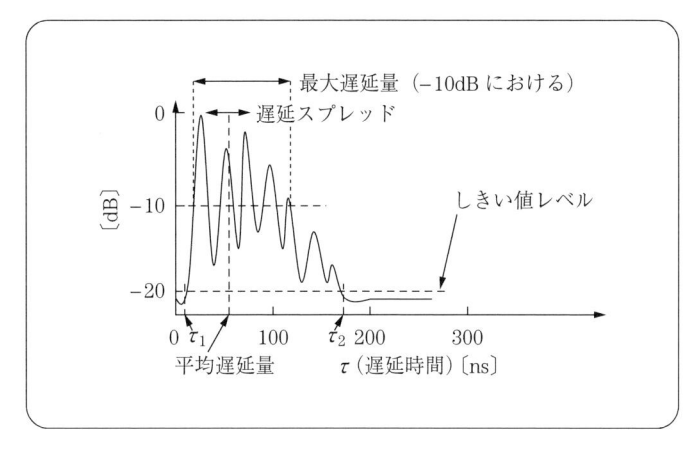

図 2.14　正規化された平均パワー遅延プロファイル

多い．しかし，セルの半径や地域の特性に強く依存する．

以上の評価量のなかで，平均遅延量を導出すると

$$\bar{\tau} = \frac{1}{P_{all}} \int_{\tau_1}^{\tau_2} (\tau - \tau_1) P(\tau) d\tau \tag{2.31}$$

$$P_{all} = \int_{\tau_1}^{\tau_2} P(\tau) d\tau \tag{2.32}$$

となる．一方，遅延スプレッドは次式で表される．

$$\sigma_\tau = \sqrt{\frac{1}{P_{all}} \int_{\tau_1}^{\tau_2} (\tau - \bar{\tau})^2 P(\tau) d\tau} \tag{2.33}$$

例題 2.4　図 2.15 のような正規化遅延プロファイルが示されている．この図から平均遅延量，遅延スプレッドを求めよ．

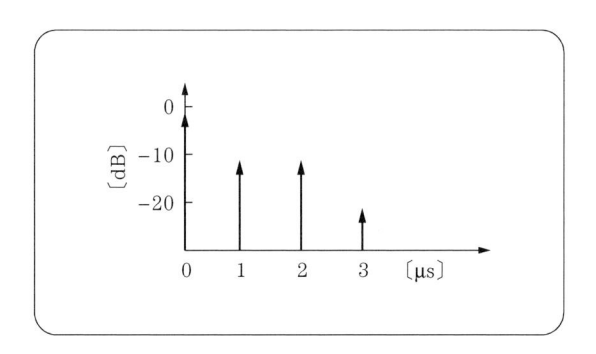

図 2.15　正規化遅延プロファイル

解答　まず，平均遅延量は簡単に求まる．

$$\bar{\tau} = \frac{1 \times 0 + 0.1 \times 1 + 0.1 \times 2 + 0.01 \times 3}{1 + 0.1 + 0.1 + 0.01} = \frac{0.33}{1.21} = 0.27 \quad \mu s$$

$$\text{二乗平均} = \frac{1 \times 0^2 + 0.1 \times 1^2 + 0.1 \times 2^2 + 0.01 \times 3^2}{1.21} = 0.49 \quad \mu s^2$$

次に，二乗平均量を求めておいて，標準偏差量である遅延スプレッドを求める．

$$\sigma_\tau = \sqrt{0.49 - (0.27)^2} = 0.64 \quad \mu s$$

よって，平均遅延量は $0.27\,\mu s$，遅延スプレッドは $0.64\,\mu s$ である． ♠

〔5〕**周波数相関関数** 平均パワー遅延プロファイル $P(\tau)$ は伝送路の時間的な広がりを示し，これをフーリエ変換すると，周波数における相関関数，すなわち伝送路の周波数相関関数（frequency correlation function）$C(f)$ を示すことになる．

$$C(f) = \int_{\tau_1}^{\tau_2} P(\tau) \exp(-j2\pi f\tau) d\tau \tag{2.34}$$

これを概念図に示すと，**図 2.16** のようになる．

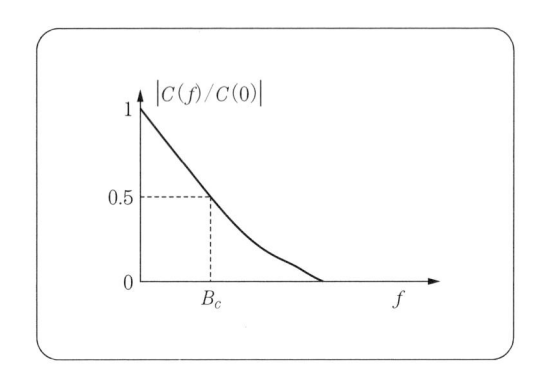

図 2.16 周波数相関関数

正規化された相関関数が 0.5 までの帯域 B_c をディジタル通信ではコヒーレント帯域，すなわち振幅特性をフラットとみなして，周波数選択性フェージングの影響のない帯域と呼ぶ．遅延スプレッドとの間には次のような近似的な関係がある．

$$B_c(0.5) \approx \frac{1}{5\sigma_\tau} \tag{2.35}$$

より厳しい基準では，0.9 でこの帯域をとる場合がある．

$$B_c(0.9) \approx \frac{1}{50\sigma_\tau} \tag{2.36}$$

例題 2.5 例題 2.4 の遅延スプレッドから二つのコヒーレント帯域（0.5 で）を求めよ．

解答

$$B_c = \frac{1}{5\sigma_\tau} = \frac{1}{3.2} = 0.313 \quad \text{MHz} = 313 \quad \text{kHz}$$

この伝送路であれば，帯域 25 kHz の PDC（personal digital cellular：日本の第二世代移動通信の標準）は等化器（equalizer：伝送路の周波数特性を修正する回路）が不要である．事実，PDC には利用されていない． ♠

2.4.2 見通し内伝搬

見通し内伝搬は**図 2.17**のように示される．マイクロセルや室内での伝搬に多く見られる．一定の振幅 A をもつ直接波と，レイリー分布の振幅をもつ間接波の合成とみなせる．この場合の振幅 R の確率密度関数はライス確率密度関数 (Rician probability density function) と呼び，式(2.37)に示す．

$$p(R) = \frac{R}{b_0}\exp\left(-\frac{R^2+A^2}{2b_0}\right)I_0\left(\frac{AR}{b_0}\right) \tag{2.37}$$

ここに，$I_0(\ )$ は第 1 種でゼロオーダの修正ベッセル関数である．直接波の電力と，間接波の電力比でライス分布を表すと便利である．その電力比 K は式(2.38)で示され，ライシアンファクタ (Rician factor) と呼ばれる．

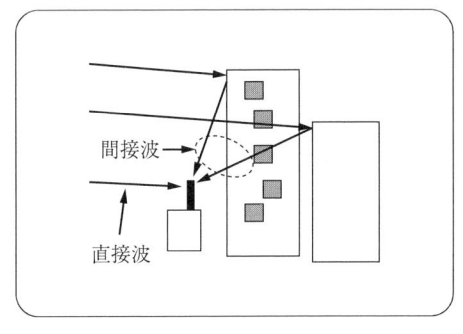

$$K = 10\log\frac{A^2}{2b_0} \ \text{〔dB〕} \tag{2.38}$$

図 2.17 見通し内伝搬

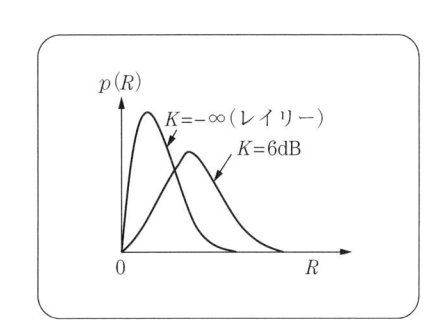

図 2.18 ライス分布

レイリー分布はこの分布の特殊ケースとも考えられる．すなわち，$A=0$ で，$K=-\infty$ の場合である．また，$K \gg 1$ の場合は振幅 A の直接波が大きく，間接的な部分，すなわち振幅変動を起こす部分が少ないので，平均 A の周辺に分布する正規分布に近似される．**図 2.18**にライス分布を示す．

2.5 ダイバーシチ

電波はアンテナから放射すると，さまざまな方向に飛んでいく．建物や山，丘，樹木

などで，反射，散乱，回折を繰り返して，受信アンテナに到着する．その振幅も位相も極めて不規則に変動し，通信品質を劣化させる．こうした伝搬路の変動によって起こされる劣化を，無線通信システムに冗長性を持たせて防ぐのがダイバーシチ（diversity）方式である．移動通信にとってダイバーシチ方式は不可欠なものになっている．

ここでは，空間，時間，周波数ダイバーシチの三つに分類する．このなかで空間ダイバーシチは，空間的な冗長として，例えば，複数のアンテナを利用するものであり，理解しやすいので，これを中心に説明する．時間ダイバーシチは時間的冗長によってダイバーシチ効果をもたせるもので，誤り訂正符号などが相当する．周波数ダイバーシチは周波数的冗長を利用するもので，広帯域なCDMAなどが相当する．

2.5.1　空間ダイバーシチ

送信アンテナから電波を放射すると，図 2.19 のような直接波と大地に反射する遅延波になって，受信アンテナに到達する．この受信アンテナを動かしていくと，受信電力はある場所では強く，異なる場所では弱くなり，これが繰り返される．二つの経路の遅延差が，ある場所では電波を強め，異なる場所で弱めるからである．

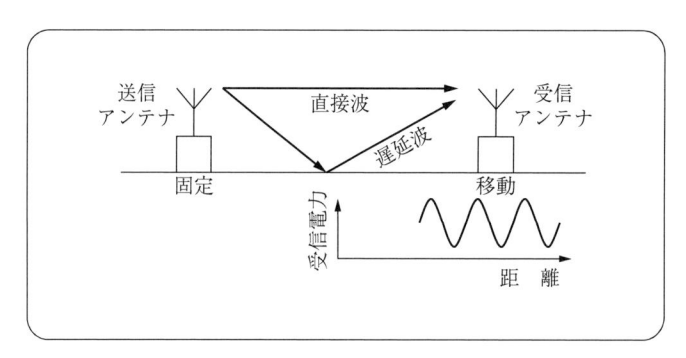

図 2.19　2 波（直接波と遅延波）モデルによる受信電力の変動

このようなモデルよりも，実際の伝搬はずっと複雑で，かつ，送信アンテナが見えない，見通し外の状態が多く，強弱の変動はランダムになる．アンテナの周辺の空間が比較的込み入っている携帯電話の場合は，その変動に対して，およそ $\lambda/2$（半波長）受信点を離せば前の受信点から統計的に独立になる．周囲が広い高いビルや鉄塔の上では 10λ（10 波長）程度必要になるという．周囲が狭い場合には 360°平等に信号が到着し少しの距離差でも独立になりやすいが，周囲が広い場合には特定の方向からの信号が強くなりがちで，独立になりにくいからである．いずれにしても，こうした空間にアンテナを複数個独立になるように配置すれば，空間ダイバーシチ効果を得られる．

〔1〕 選択合成アンテナダイバーシチ　図2.20(a)は，一つの送信アンテナから出た電波が二つのうちの一つの受信アンテナで移動しながら選択受信される様子を示す．選択合成アンテナダイバーシチ法と呼び，瞬間瞬間でSN比の良いアンテナを選んでいる．

（a）送信アンテナと受信アンテナの関係　　（b）瞬時SN比 γ_i と平均SN比 Γ の関係

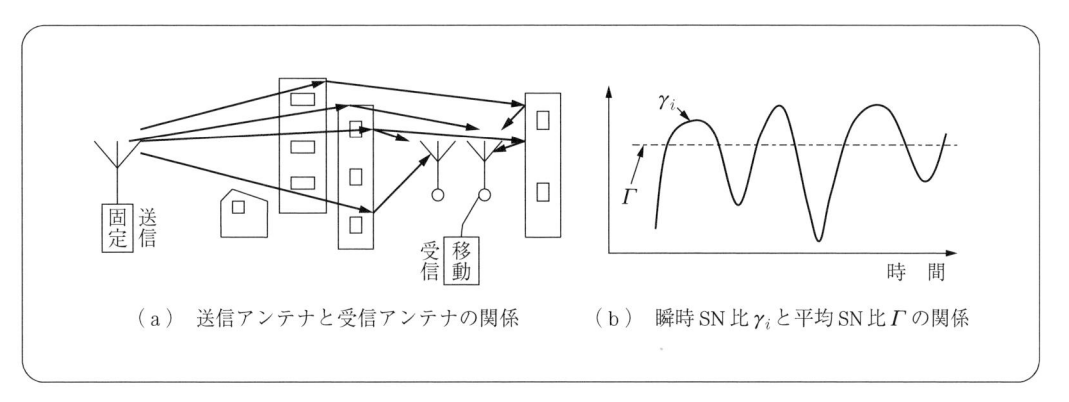

図2.20　送信アンテナと受信アンテナの関係とSN比

i 番目のアンテナの瞬時SN比を γ_i で表し，その平均のSN比を Γ とする．γ_i と Γ の時間的関係を図(b)に示す．

当然ながら，瞬時SN比 γ_i は変動し，平均SN比 Γ は一定である．この図で受信機においてビット誤り率（bit error rate：BER）が多くなるのは谷間の部分であり，この部分をいかに逃げるかがダイバーシチ技術では大切である．

図2.21は，二つのアンテナの瞬時SN比の例を示している．二つのアンテナは離れているために，変動の相関が低くなる．二つの間でSN比を比較して高いほうを選択すれば，SN比を高めるのみならず，先に示した谷の部分，すなわち，ビット誤り率を劣化させる部分を避けることができる．各アンテナのSN比は信号の振幅が式(2.21)に示すようにレイリー分布を示し，しかも雑音振幅もレイリー分布を示すとすれば，次式のような指数分布で

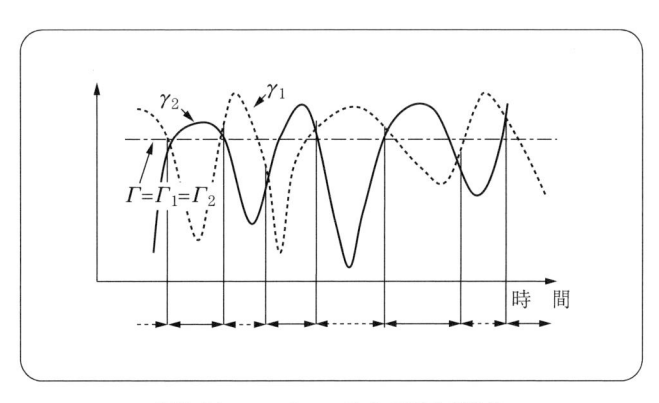

図2.21　二つのアンテナの瞬時SN比

表される．

$$p(\gamma_i) = \frac{1}{\Gamma} \exp\left(-\frac{\gamma_i}{\Gamma}\right) \quad (\gamma_i \geq 0) \tag{2.39}$$

この分布は $\gamma_i=0$ にピークをもち，$\gamma_i>0$ では減衰し，$\gamma_i<0$ では0となる．低いSN比 ($\gamma_i=0$ 近傍) の確率密度が高い．この低いSN比のアンテナを避けて，より高いSN比のアンテナを選べることが，選択合成ダイバーシチにはできる．

i 番目のアンテナのSN比 γ_i がある値 γ よりも低い確率は

$$P[\gamma_i \leq \gamma] = \int_0^\gamma p(\gamma_i)\,d\gamma_i = 1 - \exp\left(-\frac{\gamma}{\Gamma}\right) \tag{2.40}$$

となる．M 個のアンテナのSN比が同時に γ よりも低い確率は，M 個のアンテナのSN比が独立と仮定すると次式のようになる．

$$P[\gamma_1, \cdots, \gamma_M \leq \gamma] = \left[1 - \exp\left(-\frac{\gamma}{\Gamma}\right)\right]^M = P_M(\gamma) \tag{2.41}$$

いずれかのアンテナのSN比が γ よりも高い確率は次式のようになる．

$$P[\gamma_i > \gamma] = 1 - P[\gamma_1, \cdots, \gamma \leq \gamma] = 1 - P_M(\gamma)$$
$$= 1 - \left[1 - \exp\left(-\frac{\gamma}{\Gamma}\right)\right]^M \tag{2.42}$$

図 2.22 は，アンテナ1本，2本，3本の場合にSN比が γ を超える確率を示している．横軸は平均SN比 Γ と γ の比をdBで表示している．例えば，-10 dB 以上に回線品質を維持する確率は，アンテナ1本では90%，2本では99%，3本では99.9%となって，SN比の高いアンテナを選択することがいかに特性改善につながるかがわかる．更に，$P_M(\gamma)$ を微分すると

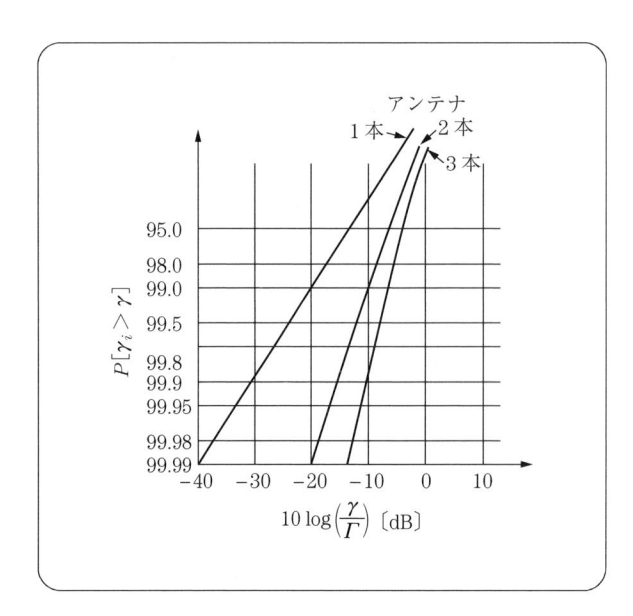

図 2.22 アンテナの本数とSN比が γ を超える確率

$$p_M(\gamma) = \frac{d}{d\gamma} P_M(\gamma) = \frac{M}{\Gamma}\left[1-\exp\left(-\frac{\gamma}{\Gamma}\right)\right]^{M-1} \exp\left(-\frac{\gamma}{\Gamma}\right) \tag{2.43}$$

となり，γ の平均値 $\bar{\gamma}$ は次式のようになる．

$$\bar{\gamma} = \int_0^\infty \gamma p_M(\gamma)\,d\gamma = \Gamma \int_0^\infty Mx[1-\exp(-x)]^{M-1}\exp(-x)\,dx = \Gamma \sum_{k=1}^{M}\frac{1}{k} \tag{2.44}$$

ここで，$x=\gamma/\Gamma$ である．式(2.44)で，$M=2$ では，$\bar{\gamma}=1.5\Gamma$ となる．

〔2〕 **最大比合成アンテナダイバーシチ** 選択合成方式では，複数のアンテナの中から一つを選ぶので，選ばれなかったアンテナの受信パワーは利用できない．例えば，二つのアンテナで二つとも同じような受信パワーを持つときでも，一方を選び他方は捨てられる．この場合，すべてのアンテナの受信パワーを有効に利用するのが，最大比合成アンテナダイバーシチである．瞬時 SN 比の大きいものに大きな利得を与え，小さなものに小さな利得を与える．

図 2.23 はアンテナが 2 本の場合の最大比合成アンテナダイバーシチシステムを示す．

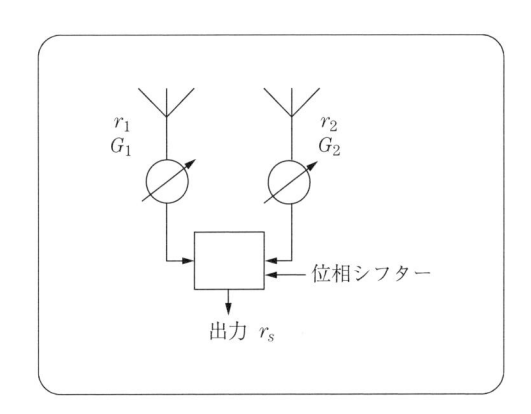

図 2.23 最大比合成アンテナダイバーシチシステム

r_1 と r_2 は各アンテナの受信信号振幅であり，G_1 と G_2 は各アンテナの調整利得である．位相シフターは二つの受信信号の位相を同相にする．r_S はそうして合成されたダイバーシチ出力の振幅であり，次式に示す．

$$r_S = \sum_{i=1}^{M} G_i r_i \tag{2.45}$$

ここで，M はアンテナの数であり，図 2.25 では $M=2$ の場合である．

各アンテナの受ける平均雑音電力は N，トータルの雑音電力は N_T であり，次式のようになる．

$$N_T = N \sum_{i=1}^{M} G_i^2 \tag{2.46}$$

ダイバーシチ出力の瞬時 SN 比 γ_M は

$$\gamma_M = \frac{r_S^2}{2N_T} \tag{2.47}$$

であり，チェビシェフ（Chebyshev）の不等式から，SN 比 γ_M は $G_i = r_i/N$ のときに最大となる．こうして

$$\gamma_M = \frac{r_s^2}{2N_T} = \frac{1}{2} \frac{\sum_{i=1}^{M}(r_i^2/N)^2}{N\sum_{i=1}^{M}(r_i^2/N^2)} = \frac{1}{2}\sum_{i=1}^{M}\frac{r_i^2}{N} = \sum_{i=1}^{M}\gamma_i \tag{2.48}$$

となる．平均的 SN 比は，上の式を平均化すれば，すべてのアンテナの平均 SN 比が同じ Γ であれば，次のように求まる．

$$\bar{\gamma}_M = \sum_{i=1}^{M}\bar{\gamma}_i = M\Gamma \tag{2.49}$$

個々のアンテナの平均 SN 比の M 倍になり，図 2.23 のような $M=2$ の場合は 2 倍である．選択合成アンテナダイバーシチが 1.5 倍であることよりも良い特性になる．

〔3〕 **等利得合成アンテナダイバーシチ**　最大比合成アンテナダイバーシチでは，受信電力の大きなものを強調するが，そのために，複数のアンテナブランチの利得を適応的に変化させなければならない．この利得をすべて同じにしても，ある程度のダイバーシチ効果がある．このような方法を，等利得合成アンテナダイバーシチと呼ぶ．ただし，複数のアンテナブランチの位相は常に同じにする必要があることは，最大比合成アンテナダイバーシチと同じである．

2.5.2　他のダイバーシチ

〔1〕 **時間ダイバーシチ**　空間ダイバーシチは空間を余分に使いながら，すなわち，多くの場合，アンテナを複数個利用することでダイバーシチ効果を得た．これに対して，時間ダイバーシチは，例えば，データを繰り返し送ったり，パリティー部分を付けて冗長にしてダイバーシチ利得を得る．図 2.24 はデータブロックを 2 回繰り返す時間ダイバーシチを示している．受信電力が大きなブロックとそうでないブロックでは，大きなほうを復調すればよいのが，選択合成時間ダイバーシチであり，その受信振幅に比例する利得を掛けて，更に位相調整し，合成するのが最大比合成時間ダイバーシチである．利得を同じにするのは等利

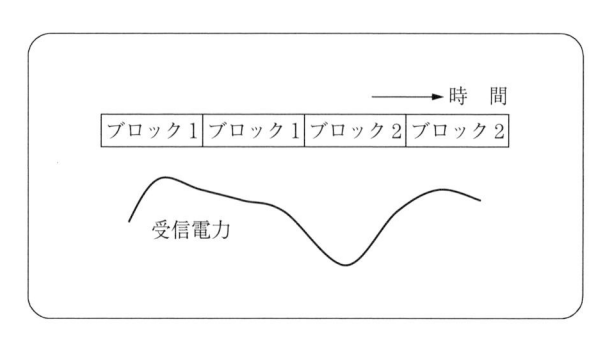

図 2.24　時間ダイバーシチ

得合成時間ダイバーシチである．

　この方法の特色は時間方向に冗長を持たせるので，受信電力に時間変動のないものは意味がなく，急激な変動するものには有効である．更に，データレートの低下をもたらすことは欠点であるが，空間を余分に要求することはない．

〔2〕　**周波数ダイバーシチ**　　図2.24の時間軸を周波数軸に置き換えることで説明できる．周波数的な冗長を利用してのダイバーシチ方法である．広い周波数帯域を利用するCDMAやOFDMでは周波数ダイバーシチが利用される．

〔3〕　**パスダイバーシチ**　　ここでは，周波数帯域を情報帯域以上に広げない狭帯域伝送方式と，5章で説明するように情報に必要な周波数帯域よりも広い無線周波数帯域を用いるCDMAとを比較しながら議論を進める．

　狭帯域伝送方式では，マルチパスによって遅延広がりが大きくなると時間的に前後するシンボル間で干渉を引き起こす．図2.25にその概念図を示す．受信機における二つの連続したシンボル出力波形を示したものである．T_sはシンボル長である．

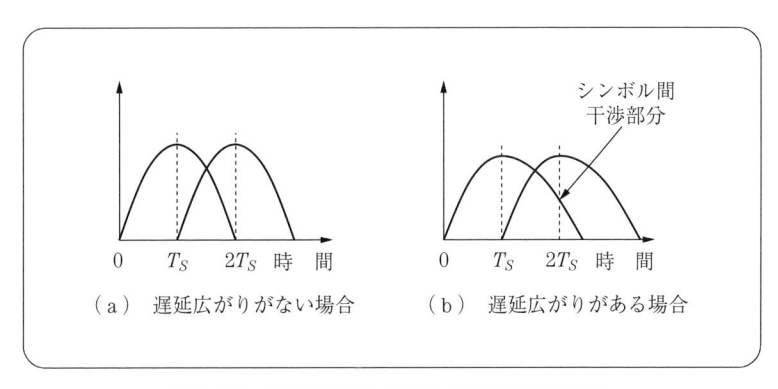

図2.25　狭帯域伝送における遅延広がりの影響

　図2.26はCDMAの最終検波段のマッチドフィルタ出力を示す．CDMAの周波数帯域は必要な情報帯域よりも十分に広いので，そのマッチドフィルタ出力は鋭いものであり，ピークから急激に減衰し，遅延広がりによるシンボル間の干渉がなくなることがわかる．

　図2.26では，先頭パスと遅延パスの二つのパスが存在するモデルを示し，二つのパスが

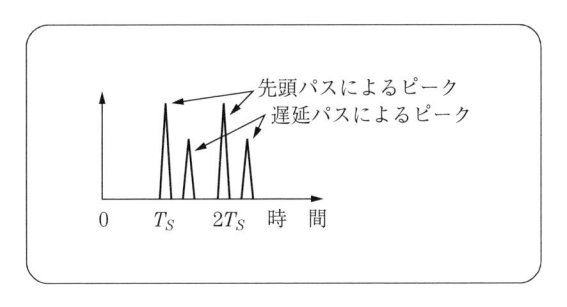

図2.26　CDMAにおける遅延広がりの影響

分離されている．これらのパスが独立に変動したとき，これらを合成すれば，ダイバーシチ利得が得られ，パスダイバーシチという．パスダイバーシチには選択合成パスダイバーシチ，最大比合成パスダイバーシチ，等利得合成パスダイバーシチがある．このなかで最大比合成パスダイバーシチを rake（熊手）と呼ぶ．rake では，複数のパスの位相を調整し，同相にし，個々のパスのもつ振幅に比例する量を掛けて加算し，最適な合成ができる．

rake のシステム構成を図 2.27 に示す．CDMA の拡散符号に適したマッチドフィルタを通過させると，一種の共振現象のために，高いピークを出力するが，マルチパスのために，図のような複数のピーク（ここでは二つ）が見られる．この複数のピークを最大比合成させる更なるマッチドフィルタ（rake フィルタ）を通過させると，最大比合成のダイバーシチ効果が中心の最大ピークに得られる．

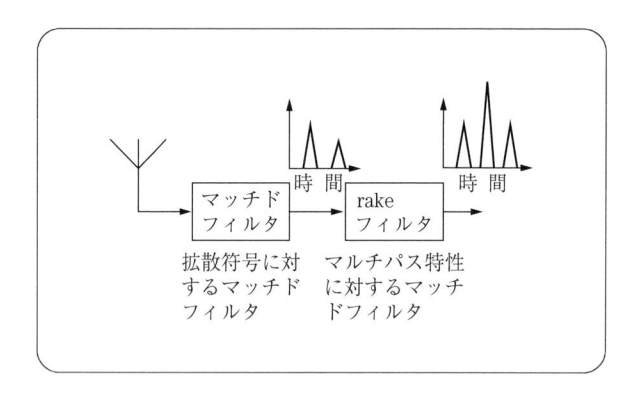

図 2.27　rake のシステム構成

rake は受信ダイバーシチに分類されるが，送信ダイバーシチである rake が，著者の一人が考案した pre-rake[4] である．このシステム構成を図 2.28 に示す．この方法はモバイル局を簡易化したいときに役に立つ．rake フィルタは一般に多段の適応トランスバーサルフィルタであり，空間と消費電力を費やす．送信側が基地局であり，複雑さをいとわない場所に送信側 rake フィルタを置けば，モバイル局に rake フィルタは要求されない．

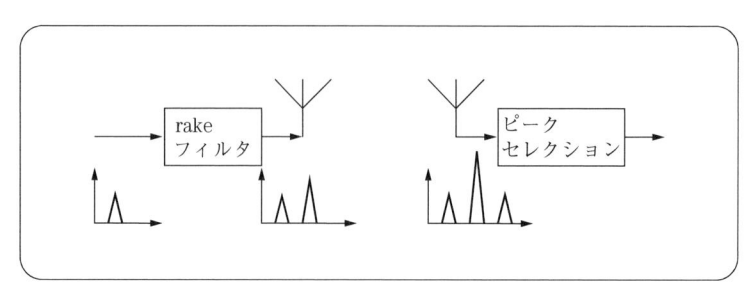

図 2.28　pre-rake のシステム構成

本章のまとめ

❶ **周波数区分**　電波は,低い周波数と高い周波数では伝搬特性が異なってくる.そのために電波の利用法も異なる.いくつかの帯域に分けて電波を論ずると便利であるので,周波数区分が利用される.例えば,MF(中波)帯は300 kHzから3 MHzであり,丘や,建物,山などの裏側にも回折しながら広く伝わるので,音声放送に用いられる.UHF(極超短波)帯は300 MHzから3 GHzであり,中波に比べると,回折は少なくなり,伝搬エリアも狭くなるが,広い帯域を利用してテレビ放送に利用したり,帯域の広さとアンテナが小形にできるので,多数の携帯電話利用が可能になる.

❷ **自由空間伝搬**　送信アンテナから受信アンテナまで電波が直線的に伝搬し,遮断,反射,回折,吸収,散乱などがない伝搬をいう.

❸ **自由空間伝搬損**　自由空間伝搬による損失である.損失の原因は電波が四方に広がることによる距離減衰からくる.

❹ **マルチパスフェージング**　自由空間伝搬と異なり,種々の障害のために遅延時間の異なる複数のパスが伝搬路に存在し,それらが干渉しあい,受信波の振幅や位相が変動し,通信の誤りを引き起こすようなフェージングをいう.

❺ **レイリー確率密度分布**　多数の独立な正弦波信号の和は,ガウス確率密度分布を示す.その振幅はレイリー確率密度分布を示す.この確率密度分布をもつフェージングをレイリーフェージングとも呼ぶ.

❻ **ライス確率密度分布**　ガウス分布をもつ信号に,確率的なばらつきのない波が加わるとライス確率密度分布を示す.反射波や散乱波,回折波といった間接的伝搬による受信信号はレイリー分布を示す.これに直接波が加わると,ライス分布を示す.こうして生じたフェージングをライスフェージングとも呼ぶ.

❼ **選択合成ダイバーシチ**　アンテナによる受信ダイバーシチを例にとると,複数のアンテナの内の最もSN比の高いアンテナを選んで受信するダイバーシチ方法である.構成が簡単なわりにダイバーシチ利得も大きく,よく用いられるが,特性的には最大比合成ダイバーシチに比べて劣る.

❽ **最大比合成ダイバーシチ**　複数のアンテナが受けるおのおのの信号の振幅に比例する利得を掛けて,すべての位相が一致するようにして加算したダイバーシチ方法である.SN比の高いアンテナは重みを大きく,そうでないものは小さくすることで,ダイバーシチ利得を大きくしている.

●理解度の確認●

問 2.1 955 MHz（＝3 000/π〔MHz〕）で，$d=100$ m の状態であるという．次の問いに答えよ．

(1) 送信，受信ともに $A_e=\pi/4$〔m²〕のアンテナを利用する．これらのアンテナ利得は何 dB であるか．

(2) 自由空間伝搬損 L_f〔dB〕を求めよ．

(3) 送信電力を 0 dBW とすると，受信機における受信電力は何 dBW になるか．

問 2.2 固定された局から無変調の持続波（CW）が送信され，それを移動局が受ける．次の問いに答えよ．ただし，受信波は移動局の周囲から一様に受信されるものとする．

(1) 移動局が動かずにいると，どのような受信スペクトルになるか．

(2) 移動局が移動しながら受けるとどうなるか．速度 v が速くなればどうなるか．

問 2.3 固定された基地局から無変調の持続波が送信され，それを移動局が受ける．移動局が受信する信号の振幅の確率密度分布について次の問いに答えよ．

(1) 移動局の周囲はビルに囲まれ，直接波を受けない．反射波や回折，散乱波を受ける場合の振幅の確率密度分布はどうなるか．

(2) 移動局の周囲にはビルもあり反射波や回折，散乱波を受け，基地局からの直接波も受ける場合の振幅の確率密度分布はどうなるか．

問 2.4 アンテナ受信ダイバーシチを例にして，次の問いに答えよ．

(1) 選択合成ダイバーシチの仕組みについて答えよ．

(2) 等利得合成ダイバーシチの仕組みについて答えよ．

(3) 最大比合成ダイバーシチの仕組みについて答えよ．

3 変調

　情報は，低域スペクトルをもつ電気信号として，例えば音声や画像といった信号として与えられる．しかし，多くの場合このままの形で伝送することはなく，より高い周波数で伝送される．この変換過程を変調（modulation）と呼ぶ．この逆の過程を復調（demodulation）または検波（detection）と呼ぶ．

　本章では，ディジタル変調方式について述べる[1〜5]．

3.1 正弦波と変調

定常的な正弦波，いわゆる持続波 CW (continuous wave) は

$$s(t) = A\cos(2\pi f_c t + \theta) \tag{3.1}$$

と表現できる．A は一定な振幅，f_c は一定な周波数，θ は一定な位相である．これを時間波形として表現すると図 3.1(a)のような無限に継続する波になり，スペクトルで表すと図(b)のように線スペクトルになる．

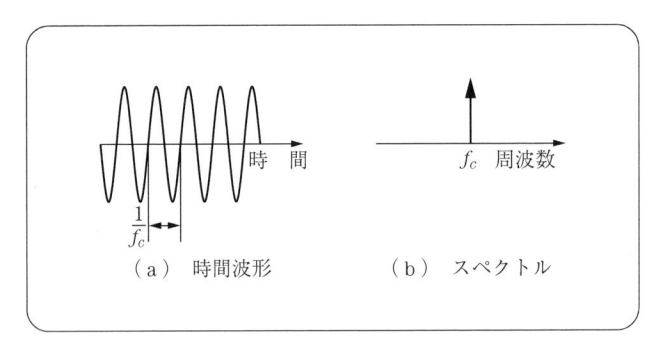

図 3.1 正弦波形

しかし，無限に継続し，変化のない正弦波では何ら情報信号を送信することができない．情報とは数字，文字，音声，画像のような変化をもち，予測しにくいがゆえに価値をもつものであり，一定の周波数，振幅のこのような波では情報は送れない．せいぜい受信した相手に何らかの存在を示す程度である．

情報とは何らかの変化を基礎にするわけであり，情報信号によって正弦波を変化させるのが変調である．そこで，正弦波の振幅と周波数，位相に変化を与えていく．

3.2 ディジタル変調方式

1または0のディジタル符号を正弦搬送波に変調するのがディジタル変調である．ここでは基本的なディジタル変調方式として，ASK (amplitude shift keying)，FSK (frequency shift keying)，PSK (phase shift keying) について述べる．

3.2.1 ASK

〔1〕 ASK の変調波形　正弦波の振幅にディジタルデータを対応させる変調方式である．実用面では有料道路での料金支払いに使われる ETC (electric toll collection) に利用されている．**図 3.2** に2値 ASK の波形を示す．

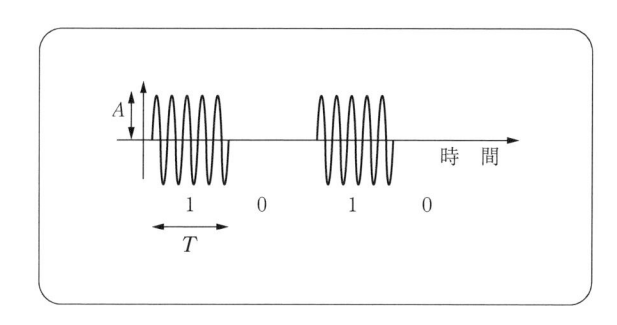

図 3.2　2値 ASK の波形

〔2〕 ASK の表現　ASK を式で表すと

$$s(t) = A(t)\cos 2\pi f_c t = \begin{cases} 0 : 0 \text{ を送る} \\ A\cos 2\pi f_c t : 1 \text{ を送る} \end{cases} \quad (3.2)$$

のようになる．0から T の時間を1シンボル単位で表す．前述の2値 ASK であれば，0を送る場合には $A(t)=0$ とし，1を送る場合には $A(t)=A$ とする．

〔3〕 ASK の同期検波　受信側において，最も特性の良い検波方法として同期検波を説明する．**図 3.3** にそのシステムを示す．

$r(t)$ は信号 $s(t)$ とノイズ $n(t)$ の和であり，帯域フィルタ (band-pass filter：BPF) の出力である．BPF は受信された雑音を除去するために用いる．この最適設計には整合フィルタ (matched filter) の理論が利用される．通過帯域が広すぎると雑音の影響が大きくな

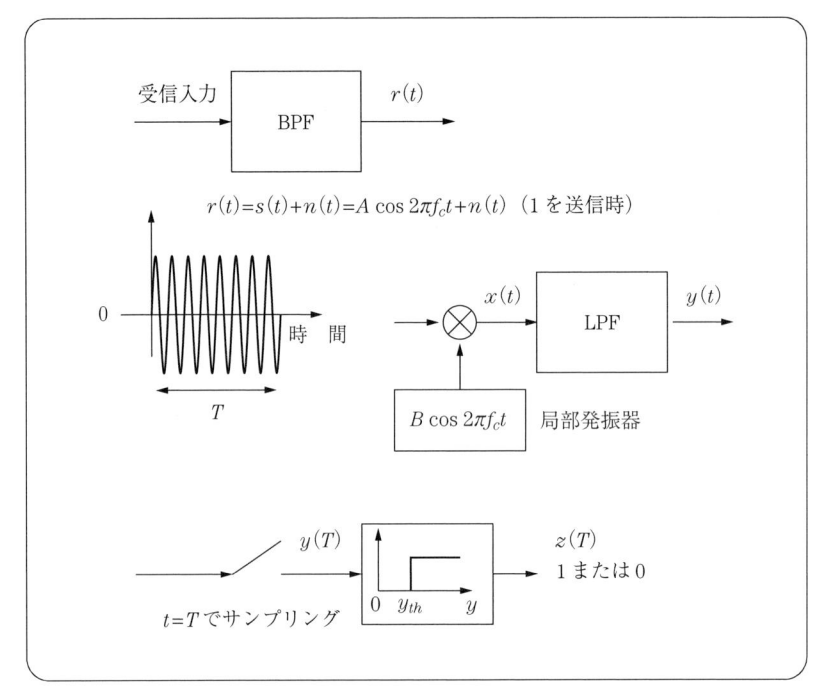

図3.3　ASKの同期検波

るが，狭すぎると信号電力も少なくなり，最適な通過帯域が存在する．ここでは考察の容易さのために，この理論には触れない．BPFのあとにくる局部発振器は$s(t)$と同じ位相の正弦波を発振する．$r(t)$と局部発振信号は乗算され，その出力は低域フィルタ（low-pass filter：LPF）を通過させることで，搬送波周波数の2倍の周波数や搬送周波数の漏れなどを除去したのちに，サンプリングを$t=T$で行い，最後に，適当なしきい値（threshold value）y_{th}を用いて1と0に判別する．

BPFを通過した2値ASK信号（1を送信の場合）と雑音の和$r(t)$は

$$r(t) = A\cos 2\pi f_c t + n_c(t)\cos 2\pi f_c t + n_s(t)\sin 2\pi f_c t \tag{3.3}$$

となる．式(3.3)の右辺第一項はASK信号であり，第二項はBPFを通過した狭帯域雑音のcos項，第三項はsin項である．$n_c(t)$，$n_s(t)$はランダムで平均0の正規分布をもつ確率過程になり，互いに独立である．その分散を$E[n_c(t)^2]=E[n_s(t)^2]=N$とする．局部発振信号にASKの搬送波と同じ位相の信号$B\cos 2\pi f_c t$を置き，これと$r(t)$との積$x(t)$は，$0\sim T$の間で次式のようになる．

$$\begin{aligned}x(t) &= AB(\cos 2\pi f_c t)^2 + Bn_c(t)(\cos 2\pi f_c t)^2 + Bn_s(t)\cos 2\pi f_c t \sin 2\pi f_c t \\ &= \frac{1}{2}AB(1+\cos 4\pi f_c t) + \frac{1}{2}Bn_c(t)(1+\cos 4\pi f_c t) + \frac{1}{2}Bn_s(t)(\sin 4\pi f_c t)\end{aligned} \tag{3.4}$$

$x(t)$ が LPF を通過すると，この式の右辺の $2f_c$ の周波数で振動する cos と sin の項はすべて 0 になる．LPF の出力 $y(t)$ は $t=T$ で次式のようになる．

$$y(T) = \frac{1}{2}(AB + Bn_c) \tag{3.5}$$

ここで，$n_c(T) = n_c$, $n_s(T) = n_s$ である．

式(3.5)の右辺第一項は 1 を送る ASK の信号成分であり，第二項はノイズ成分である．これ以降では簡単のために $B=2$ とすると

$$y(T) = A + n_c \tag{3.6}$$

となる．こうしても一般性を失わない．ここで，特徴的なのは，この右辺にはノイズの sin 成分 n_s がないことである．同期検波方式の優れた性質はここにある．すなわち，雑音電力の半分を除くことができるのである．sin 成分がなくなる理由は，幾何学的には，ノイズの sin 成分が cos 成分しか持たない局部発振信号と直交（90°の位相差をもつ）するからである．この直交の考え方は通信では種々のところに出てくるので重要であり，理解しておこう．

式(3.6)の右辺に戻って検討しよう．この第一項は"1"を送っているという条件があり，確率変数ではない．しかし，第二項は分散 N をもつガウス分布（または正規分布）の確率変数である．y ($=y(T)$) 軸を横軸にし，縦軸を確率密度関数 $p(y|1)$ とすると**図 3.4** のようになる．ここで，$p(y|1)$ の中の 1 は"1"を送っているという条件を示している．結局，$p(y|1)$ は A を平均値にもつ分散 N の正規確率密度関数となる．

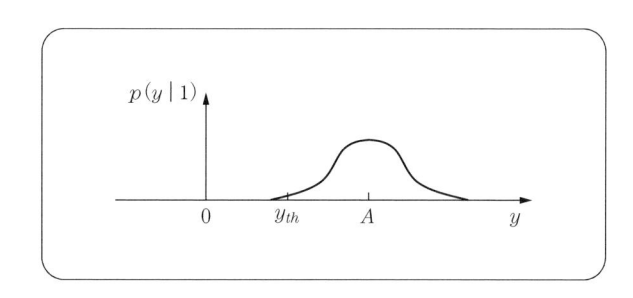

図 3.4 "1"を送信した場合の y の確率密度関数

この図にある y_{th} とはディジタルの"1"と"0"を判別するしきい値であり，この図ではこれよりも左に存在する確率は"1"を送ったのに"0"と誤る確率である．

ここまでは，送信側で"1"を送るとした．では，"0"を送る場合はどうなるのかを検討しよう．もう読者も気づかれたように検討は簡単であり，いままでの議論で $A=0$ とすればよい．

こうして，**図 3.5** には"0"を送信した場合の $p(y|0)$ を示す．しきい値 y_{th} の右側に存在する確率が"0"を送ったのに"1"に誤る確率となる．

3. 変調

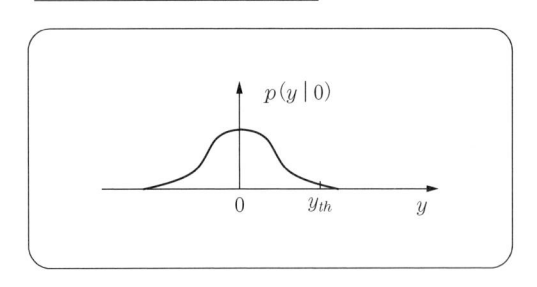

図3.5 "0"を送信した場合の y の確率密度関数

しきい値 y_{th} はどうすれば最適であるかを考えよう．"0"と"1"の送信確率が等しいとすると，y_{th} が $y_{th}=A/2$ とするのがよさそうである．すなわち，"1"とした場合の平均値 A の半分であり，この値が理論的にも誤りを最小にできることが証明されている．

"1"も"0"も同じ確率の場合，y は図3.6のように分布する．そして"0"が"1"に，"1"が"0"に誤る確率の和を誤り率 P_e と呼び，次式のように表される．

$$\left.\begin{array}{l} P_e = \dfrac{1}{2}\displaystyle\int_{y_{th}}^{\infty} p(y|0)\,dy + \dfrac{1}{2}\displaystyle\int_{-\infty}^{y_{th}} p(y|1)\,dy \\[4pt] p(y|0) = \dfrac{1}{\sqrt{2\pi N}}\exp\!\left(-\dfrac{y^2}{2N}\right),\quad p(y|1) = \dfrac{1}{\sqrt{2\pi N}}\exp\!\left(-\dfrac{(y-A)^2}{2N}\right) \end{array}\right\} \tag{3.7}$$

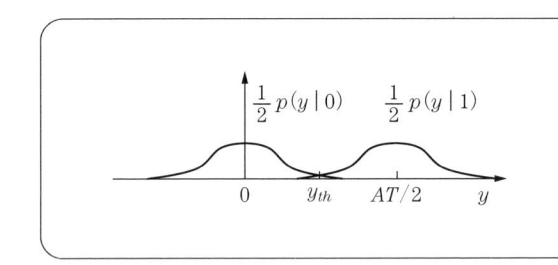

図3.6 y の分布

式(3.7)の3式を整理すると，結局誤り率は式(3.8)のようなきれいな形で表される．

$$P_e = \frac{1}{2}\,\mathrm{erfc}\,\frac{\sqrt{\gamma}}{2} \tag{3.8}$$

ここで，$\gamma = A^2/2N$ であり BPF の出力における信号対雑音電力比である．

これが成立するのは最適なしきい値すなわち $y_{th}=A/2$ の場合である．この式の $\mathrm{erfc}\,x$ は x の誤差補関数，$\mathrm{erf}\,x$ は x の誤差関数であり，以下のようになる．

$$\left.\begin{array}{l} \mathrm{erfc}\,x = 1 - \mathrm{erf}\,x = \dfrac{2}{\sqrt{x}}\displaystyle\int_{x}^{\infty}\exp(-t^2)\,dt \\[4pt] \mathrm{erf}\,x = \dfrac{2}{\sqrt{\pi}}\displaystyle\int_{0}^{x}\exp(-t^2)\,dt \end{array}\right\} \tag{3.9}$$

式(3.8)の誤り率は図3.7のように示される．この図では横軸は γ（信号対雑音電力比〔dB〕），縦軸は P_e を示している．この誤り率はシンボル誤り率でもあれば，ビット誤り率でもある．なぜならば，2値ASKでは1シンボルで1ビットを伝送するからである．

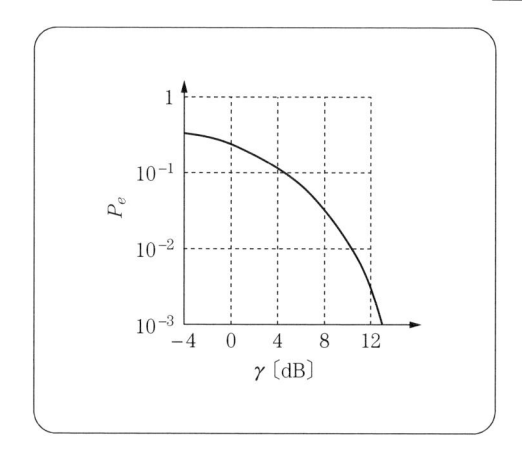

図 3.7 同期検波による ASK 誤り率

γ（信号対雑音電力比）が十分大きい場合に，誤り率は次式のように近似される．

$$P_e \cong \frac{1}{\sqrt{\pi\gamma}} \exp\left(-\frac{\gamma}{4}\right) \tag{3.10}$$

〔4〕 **ASK の包絡線検波（非同期検波）**　同期検波では搬送波と同じ周波数かつ位相の局部発信機を受信機が持たなければならず受信機は複雑になる．もっと簡易な方法として**図3.8**に示す包絡線検波（非同期検波）方式がある．この方法はダイオードを用いて正弦波の包絡線を直接検波する方式で，アナログの AM 方式にもよく用いられる簡単な方式である．

ここで，$r(t)$ は

$$r(t) = A\cos 2\pi f_c t + n_c(t)\cos 2\pi f_c t + n_s(t)\sin 2\pi f_c t \tag{3.11}$$

である．包絡線検波器出力 $x(t)$ を LPF で余分な高い周波数を除去したのち，サンプリングした $y(T)$ は "1" を送信時に

$$y(T) = \sqrt{(A+n_c)^2 + n_s^2} \tag{3.12}$$

となる．これから，$y(T)=y$ についての確率密度関数について検討する．**図3.9**において "1" を送った場合の確率密度関数 $p(y|1)$ は A 近傍に分布し，$y \leq 0$ では 0 となる．この確率密度関数はライス確率密度関数と呼ばれる．一方，"0" については何も送らないことであり，雑音だけを受信する．この場合の y の確率密度関数 $p(y|0)$ はレイリー確率密度関数になり，$y>0$ で分布し，$y \leq 0$ では確率密度関数は 0 となる．図 3.9 では "1" も "0" も等しい確率で送られた場合を示している．

一方，同期検波に戻って考察すると，"1" を送った場合には $y=A$ を中心にガウス確率密度関数が対称に分布し，"0" を送った場合には $y=0$ を中心に正負対称にガウス確率密度関数が分布する．包絡線検波では，これに対して，"1" を送っても，"0" を送っても確率密度関数が正の範囲に重なるために，"1" と "0" の間の干渉が多くなり，しかも同期検波時のような直交性が雑音に対して成立することもなく（式(3.12)には n_s も n_c も含まれる），誤

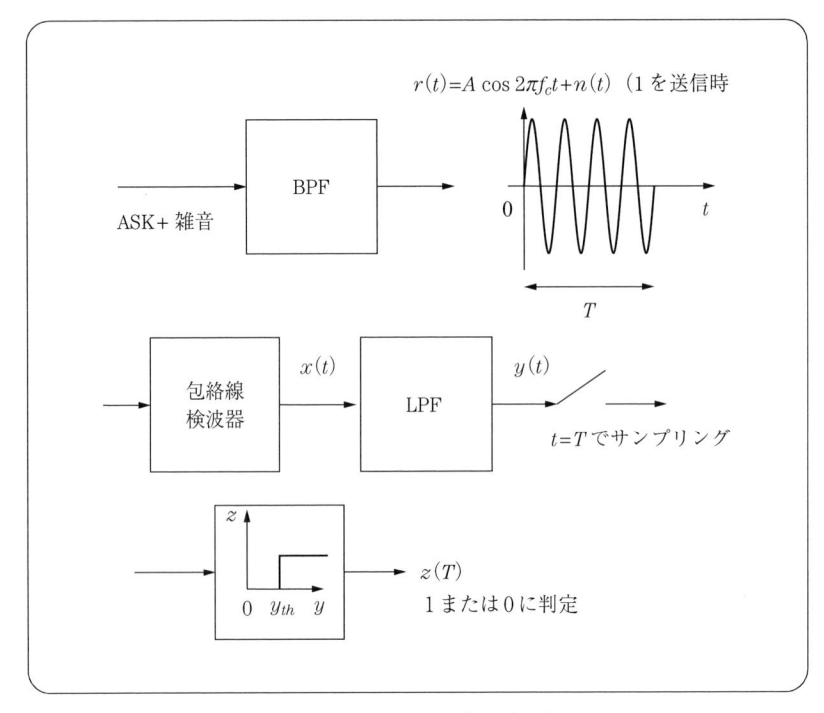

図3.8 ASKの包絡線検波方式

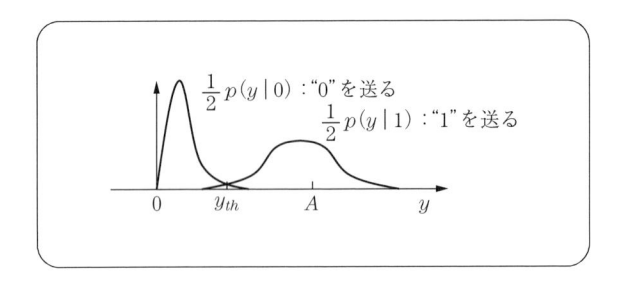

図3.9 包絡線検波器における y の確率密度関数

りが多くなると考えられる．

γ が十分に大きい，すなわち信号が雑音よりも十分大きい場合には判定しきい値 y_{th} を $A/2$ に選ぶと最適であり，かつ，誤り率は近似的に次式のようになる．

$$P_e \simeq \frac{1}{2}\exp\left(-\frac{\gamma}{4}\right) \tag{3.13}$$

3.2.2 FSK

FSKは，ディジタルのFMともいうべきものである．2値FSKにおいては，例えば "1" を f_1，"0" を f_2 に割り振る．その時間波形を図3.10に示す．

3.2 ディジタル変調方式

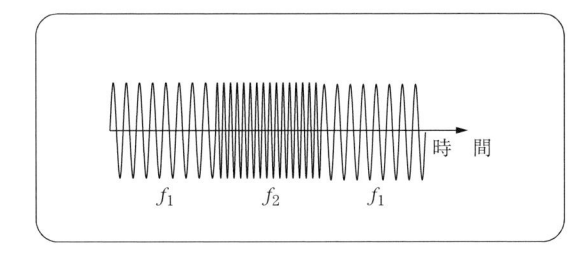

図 3.10 FSK の時間波形

FSK を式で表すと次式のようになる．

$$s(t) = A\cos\left[2\pi\left(f_c + \frac{\Delta f}{2}u(t)\right)t\right] \tag{3.14}$$

ここで，$u(T)=1$（データが"1"のとき：$f_1=f_c+\Delta f/2$ を送信），$u(T)=-1$（データが"0"のとき：$f_2=f_c-\Delta f/2$ を送信），$\Delta f=|f_1-f_2|$ である．

図 3.11 に FSK の同期検波方式のブロック図を示す．

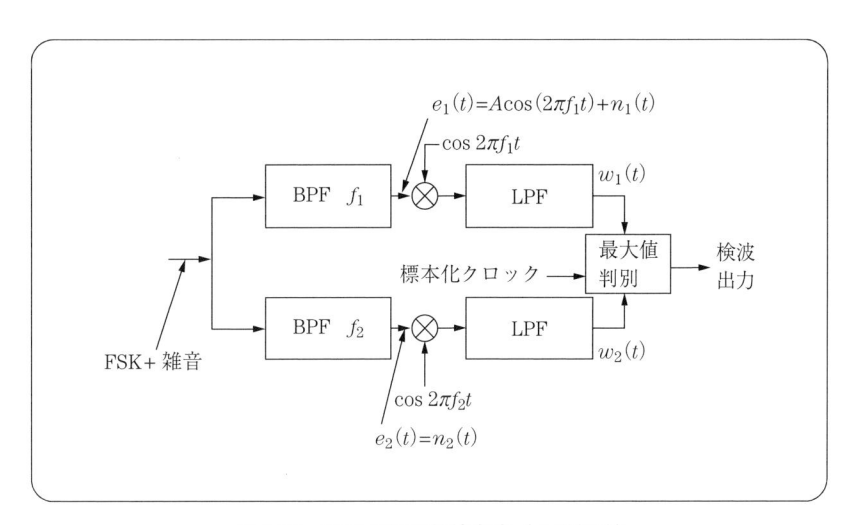

図 3.11 FSK の同期検波方式（f_1 送信時）

この図で上下の BPF はそれぞれ f_1，f_2 を中心とする帯域フィルタを示し，ここで，雑音排除の能力が決まる．LPF は低域フィルタであり，乗算器で生じた 2 倍の周波数や搬送波の漏れを除く．この図では f_1 を送った場合を示す．上の BPF から信号と雑音の和が出力され，下の BPF からは雑音だけが出力される．f_1 と f_2 が十分離れていれば，下の BPF から信号成分は出力しないが，近い場合はどうだろうかという疑問にはあとで MSK（minimum shift keying）変調において述べる．上の乗算器では信号と雑音に対して信号と同じ位相と周波数の搬送波が乗算されて LPF に送られる．この動作は ASK の同期検波と同じである．一方，下の BPF の出力は f_2 の搬送波が乗算され，それと同相の雑音成分が LPF の出力に現れる．LPF の出力は標本化クロック，すなわち 1 ビットごとのクロックで標本

化されて最大値が検出される．2値FSKの同期検波の場合の誤り率は次式で与えられる．

$$P_e = \frac{1}{2}\operatorname{erfc}\left(\sqrt{\frac{\gamma}{2}}\right) \tag{3.15}$$

ここに，$\gamma = A^2/2N$ である．

ASKの同期検波における誤り率は式(3.8)で与えられた．この式と式(3.15)を比較すると，同じ誤り率を得るのにFSKのほうが3dB低くて済むことがわかる．

図3.11は同期検波のブロック図であるが，同期用の二つの周波数の局部発振信号と乗算器の代わりに，包絡線検波器を入れると非同期検波となる．この違いはASKの場合を参考にわかると思う．非同期検波の場合のFSKの誤り率は次式で表される．

$$P_e = \frac{1}{2}\exp\left(-\frac{\gamma}{2}\right) \tag{3.16}$$

3.2.3　PSK

ここでは，2相PSK（binary phase shift keying：BPSK）を取り扱う．

BPSKの表記方法は2種類考えられる．すなわち

$u(T) = 1$（データが"0"），$u(T) = 0$（データが"1"）の場合は

$$s(t) = A\cos(2\pi f_c t + \pi u(t)) \tag{3.17}$$

$u(T) = 1$（データが"1"），$u(T) = -1$（データが"0"）の場合は

$$s(t) = Au(t)\cos(2\pi f_c t) \tag{3.18}$$

である．むろん，両者とも同じものであるが，前者はいかにもPSKらしい表記であり，後者はASKとの共通点を感じさせる．ASKとの異なる点は正だけでなく，負の値を使うことで，位相のシフトを表すことである．

〔1〕**BPSKの同期検波**　図3.12に同期検波システムを示す．

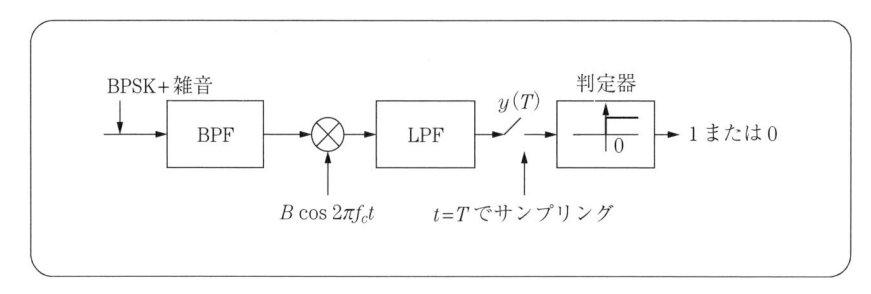

図3.12　BPSKの同期検波システム

このシステムはASKにおける同期検波方法と類似するので，ASKの項を参照して理解されたい．その場合は，BPSKとして式(3.18)を利用するとわかりやすい．ASKと異なる

ことは，送信側で"1"と"0"の確率を等しいとしたら，判定器では常にゼロ値のしきい値を利用して判定すればよいことである．ASK では受信電力の大きさに応じてしきい値を変化させるに対して，BPSK では受信電力が大きくても小さくてもしきい値を変化させる必要はない．判定器の入力 y がどのような確率密度関数かを図 3.13 に示す．

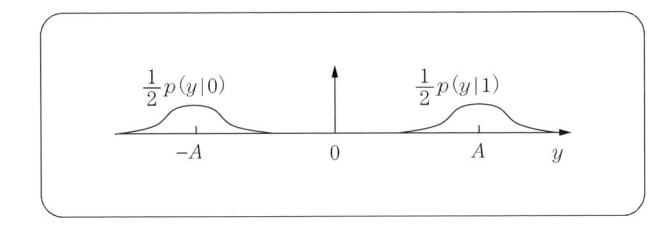

図 3.13 BPSK 同期検波における y の確率密度関数

BPSK の誤り率は次式によって与えられる．

$$P_e = \frac{1}{2}\mathrm{erfc}(\sqrt{\gamma}) \tag{3.19}$$

ここに，$\gamma = A^2/2N$ である．

式(3.8)，式(3.15)，式(3.19)を比較すると，同期検波において，PSK が最も特性が良く，次に FSK，最後に ASK となり，それぞれの差は 3 dB である．

〔2〕 **DPSK**　ASK, FSK, PSK において，同期検波のシステム図の中に受信信号の位相と同じ位相をもつ局部発振信号が描かれているが，これを実際に得るには，PLL (phase locked loop：位相同期ループ) による受信信号の位相トラッキングが要求される．位相トラッキングは安定な動作範囲においては，線形動作をして，外部の雑音の影響を少なくできる．しかし，いったん大きな雑音などで線形範囲を超えると，安定な動作範囲に戻るのに時間がかかる．これを同期はずれの状態と呼ぶが，正常に検波ができない状態であり，ビット誤りが増加する．

回線の変動の激しいモバイルコミュニケーションでは，受信信号の電力が落ち込んだ瞬間にこうしたことが起こりやすい．受信信号が落ち込み，同期はずれが生じ，その後十分に受信電力が回復しても同期はずれが回復しないことがある．

DPSK (differential phase shift keying：差動 PSK) は，同期検波のように，受信機が絶対的な位相をもっていなくとも，前のビットと次のビットの間の位相の変化を検波する方式のために，検波器が簡易化されるとともに，同期はずれが生じない．しかし，前のビットに誤りがあると，次のビットにも影響するという欠点がある．

図 3.14 に BDPSK（2 相 DPSK）の原理を示す．受信機の検波器は T だけの遅延を挿入して，前のビットの位相と次の位相の変化を検出する．ここで検出できるのはあくまでも差分であるので，送信機側ではあらかじめ符号変換を行っておく．

BDPSK のビット誤り率の特性は次式で表される．

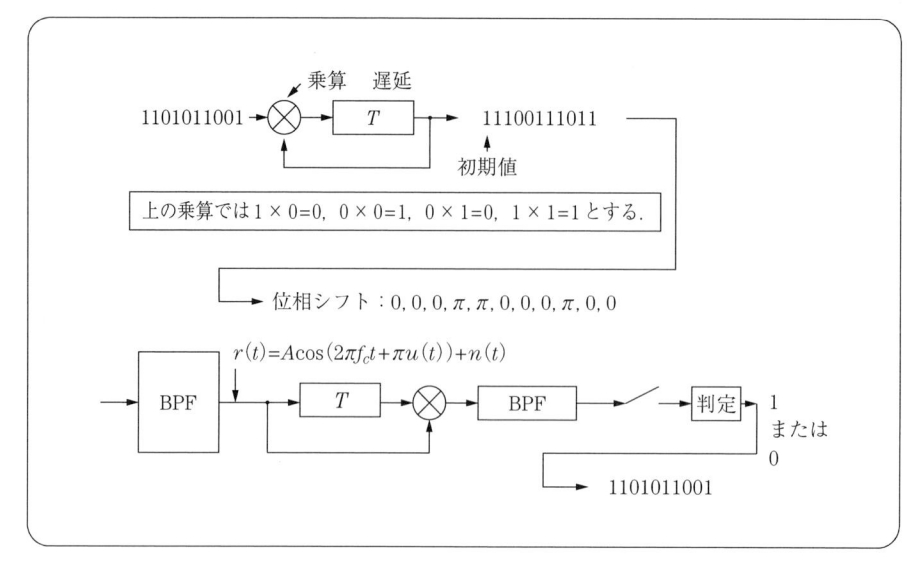

図 3.14 BDPSK の原理

$$P_e(\gamma) = \frac{1}{2}\exp(-\gamma) \tag{3.20}$$

3.3 電力効率に優れた変調方式

　モバイルコミュニケーションには特有の問題がある．例えば，携帯端末の問題である．端末は小形で，しかも電池消耗の少ないものが好まれる．端末の受信機での電池消耗は待ち受け時の問題があり，いかに電力を消費しないようにするか種々の工夫がなされている．問題は送信時であり，送信機に関しては，変調方式の選び方によって電力効率が終段の増幅器において大きく異なる．送信機の構成において，符号器，変調器，高周波発生などの部分は小さな電力で動作するので問題は少ないが，終段，すなわち，アンテナに高周波電力を供給する電力増幅器は大きな電力を消費するので，その電力効率が問題になる．電力効率とは，終段の電力増幅器を動作させる直流入力電力に対して，どれだけ高周波電力を空間に放射できるかということである．これが低いと余分な電力は熱として携帯端末を暖め，高周波電力にならない．

3.3　電力効率に優れた変調方式

電力増幅には線形増幅と非線形増幅とが知られているが，前者は線形領域を利用し飽和領域は利用しないので，入力波形をそのままの形で電力増幅するが効率は悪い．後者は積極的に飽和領域を利用するので，波形はひずむが効率が良い．極端な場合は，正弦波入力に対して，方形波出力にしてそれを共振回路で正弦波にし，アンテナに供給するような場合である．このような非線形増幅器にAM波形とFM波形を入力をして比較すると，入力と出力のスペクトルは図3.15のようになる．

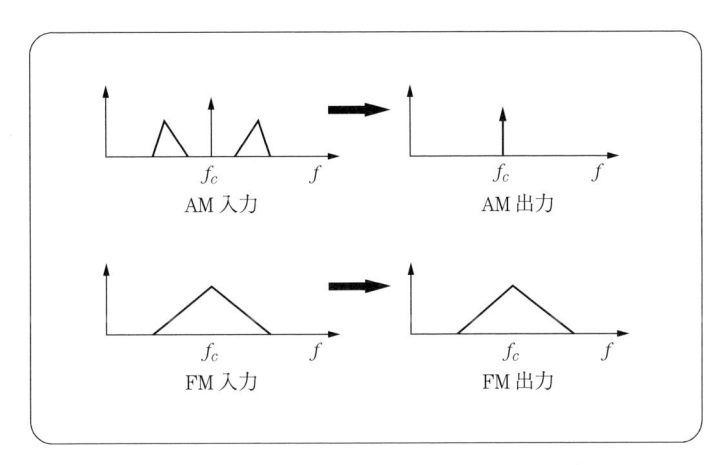

図3.15　非線形増幅におけるAMとFMの比較

AMの場合は，側波帯（sideband）が失われ，搬送波のみが増幅される．これではAM信号の増幅はできない．AMの情報は側波帯に含まれるからである．一方，FMに関しては，振幅が変化しないので，正弦波が方形波になろうが，周波数の変化は正確に出力に伝わるのである．

以上のように，効率の良い非線形増幅器にはFMのような振幅一定の変調が好ましいことがわかる．電力効率を良くするディジタル変調方式には2種類が広く知られていて，FSK系のGMSK（Gaussian minimum shift keying）であり，もう一つはPSK系の$\pi/4$シフトQPSKである．

3.3.1　GMSK

GMSKの変調方式は，欧州のGSM（global system for mobile communications）標準に採用されている位相連続な2値FSKである[6]．位相連続なFSKとは周波数間でシフトするときに位相のジャンプがないものである．二つの周波数に相当する波形を別々に表記すると

48　3. 変　　調

$$s_1(t) = A\cos(2\pi f_1 t + \phi_1)$$
$$s_2(t) = A\cos(2\pi f_2 t + \phi_2)$$
(3.21)

$$f_1 = f_c - \Delta f/2$$
$$f_2 = f_c + \Delta f/2$$

であり，ϕ_1, ϕ_2 はおのおのの位相である．二つの信号間の正規化相関 ρ は

$$\rho = \frac{1}{E_b}\int_0^T s_1(t)s_2(t)\,dt = \frac{1}{T}\int_0^T \cos(2\pi\Delta f t + \phi_1 - \phi_2)\,dt$$
$$E_b = \frac{A^2}{2}T$$
(3.22)

である．T は1ビットの時間長である．位相連続では $\phi_1 = \phi_2$ であり，正規化相関は

$$\rho = \frac{1}{T}\int_0^T \cos(2\pi\Delta f t)\,dt \tag{3.23}$$

となる．これが0になれば相関検波器によって二つの周波数間の干渉なしに，情報を検出できる．その条件は式(3.23)を0にすることであり

$$2\pi\Delta f T = n\pi, \quad n = 1, 2, 3, \cdots \tag{3.24}$$

である．この場合，最も Δf を小さくできる，すなわち，FSKの周波数帯域幅を最も狭くできるのが $n=1$ の場合であり，$\Delta f = 1/2T$ である．このように，ビットの長さと周波数シフトの大きさを上記の関係にすれば，狭い周波数帯域でもFSKが利用できる．このようなFSKをMSKと呼んでいる．MSKでは二つの周波数のスペクトルは互いに重なっているが干渉しない．FSKの変調指数は次のように定義され

$$m = |f_1 - f_2|T = \Delta f T \tag{3.25}$$

であり，MSKでは 0.5 になる．

　MSKは最も周波数帯域の狭い位相連続FSKであるが，それでもスペクトルのサイドローブ（side lobe）が広い．これを狭くし，実用にしたのがGMSKである．図3.16は

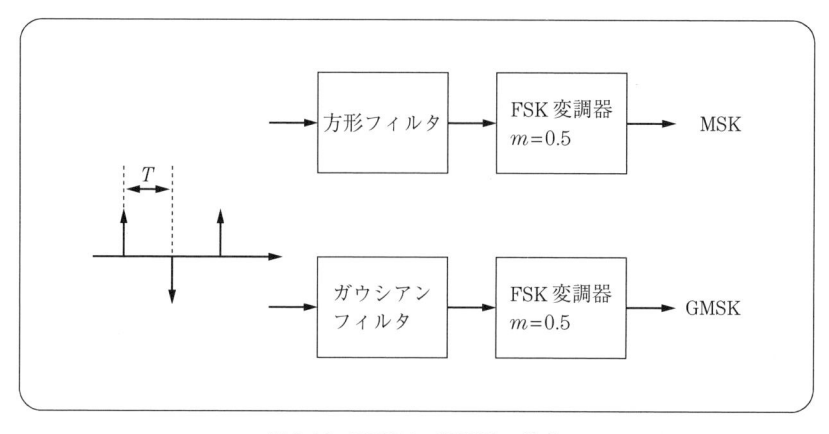

図 3.16　MSK と GMSK の構成

MSK と GMSK の違いをシステム的に示したものである．

MSK のビット誤り率の特性は QPSK（quadrature PSK：4 相 PSK）と同じであり，GMSK はそれより少し劣るが差はわずかである．ちなみに，QPSK のビット誤り率は次式のように表される．

$$P_e = \frac{1}{2}\operatorname{erfc}\sqrt{\gamma/2} \tag{3.26}$$

ここで，QPSK ではシンボルは四つあり，各シンボルは 2 ビットを伝送する．隣接するシンボルへ誤る場合は 1 ビットの誤りに，逆位相のシンボルへ誤る場合は 2 ビットの誤りになるような符号化（グレイコード化：Gray coding）をした場合のビット誤り率を式(3.27)は示している．ここでも $\gamma = A^2/2N$ である．

3.3.2　π/4 シフト QPSK

PSK は位相だけをシフトさせるものであり，振幅の変動は伴わないと感ずる読者も多いかもしれないが，誤解であることは，その信号空間を描くとすぐに気がつく．図3.17 にQPSK の信号空間を示す．

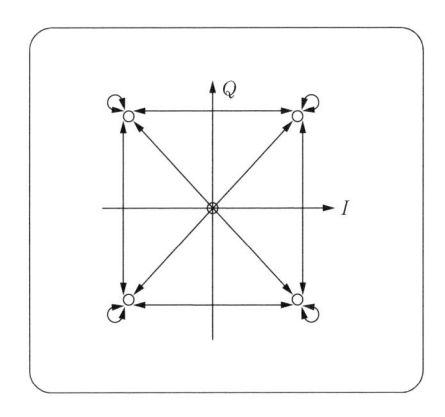

図 3.17　QPSK の信号空間

この図で，I は cos 成分を，Q はそれに直交する sin 成分を示し，四つの信号点間をシフトする QPSK が描かれている．問題は対角線のシフトのときに，振幅 0 を横切ることである．明らかに振幅が変化する．このような QPSK 信号を非線形増幅器で増幅すると，本来の QPSK とは異なる広がったスペクトルの信号を出力するようになる．

そこで，QPSK の性質を失わず，振幅変動を抑えて非線形増幅器によっても増幅できるようにしたのが，π/4 シフト QPSK であり，その位相シフトを図3.18に示す．この図では 8 相 PSK のように見えるかもしれないが，実は QPSK を偶数クロック（例えば黒丸）と奇数クロック（白丸）間を π/4 だけシフトさせて，ゼロクロスを生じるシフトがないよ

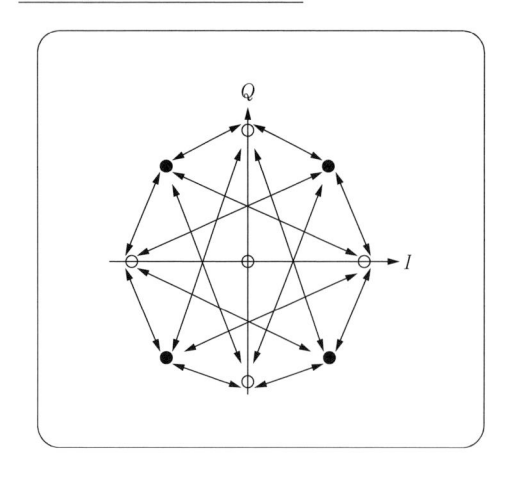

図 3.18 π/4 シフト QPSK の信号空間

うにしている[7].

π/4 シフト QPSK は日本の PDC 方式に利用されている．ビット誤り率の特性は QPSK と同じである．

3.4 高能率変調方式

ディジタル変調方式については，説明の容易さから，おもに2値の変調を用いて説明した．しかし，2値方式では一つのシンボルが1ビットを送るに留まり，能率的ではない．一つのシンボルで複数のビットを送るのが多値変調方式である．

図 3.19 に QPSK の信号空間を示す．四つの信号点（シンボル）をもっていて，おのおのが2ビットを表している．この議論を拡張すると，$\log_2 M$/シンボル（M は多値数）より 3

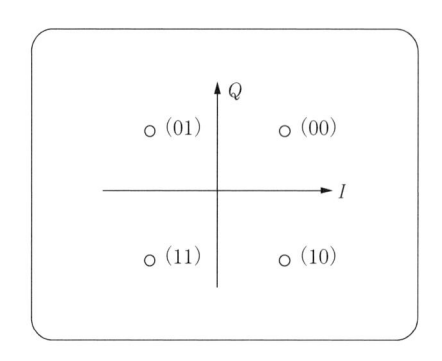

図 3.19 QPSK の信号点とビット

ビット/シンボルの PSK とは 8 相 PSK になり，4 ビット/シンボルは 16 相 PSK，5 ビット/シンボルは 32 相 PSK，6 ビット/シンボルでは 64 相 PSK となるが，64 相 PSK の信号空間を描くと，すべての信号点は原点から等距離の円上にあり隣接信号点間では 5.6° の角度差しかない．これは，信号点間距離が極めて小さいことである．もちろん，変調の能率を上げていけば一般的には雑音に弱くなるが，それにしてもわずかな角度差のために，エラーが生じやすい．

そこで考案されたのが，QAM（quadrature amplitude modulation）方式である．これによると，PSK よりも隣接する信号点間の距離を大きくとれる．**図 3.20** に 16 値 QAM の信号空間を示す．隣接の信号点は雑音によって誤りやすいので，隣接の 4 ビットは 1 ビットの差しかないように符号化されている．このような符号化をグレイコード化と呼んでいる．

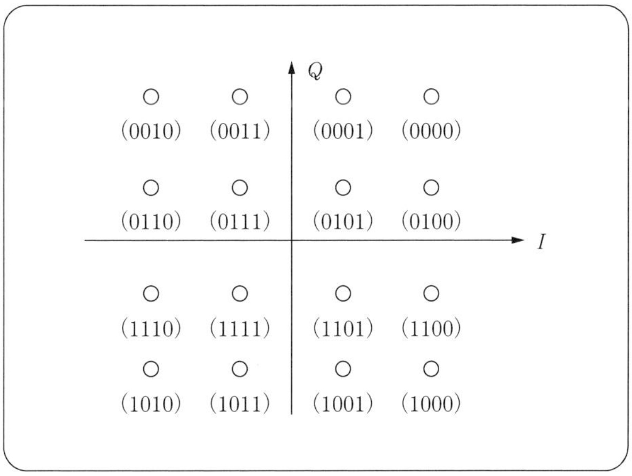

図 3.20　**16 値 QAM の信号点とビット**

AWGN（additive white Gaussian noise）回線（白色ガウス雑音が付加された回線）における 16 値 QAM のビット誤り率は次式となる．

$$P_e(\gamma) = \frac{3}{8}\,\mathrm{erfc}\left(\sqrt{\frac{2}{5}\gamma}\right) - \frac{9}{64}\,\mathrm{erfc}^2\left(\sqrt{\frac{2}{5}\gamma}\right) \tag{3.27}$$

ただし，各シンボルはグレイコード化されている．また $\gamma = E_b/N_0$ であり，E_b とはビット当りの受信信号エネルギーであり，N_0 は雑音の白色電力密度である．雑音の自互相関関数は $N_0\delta(\tau)/2$ で与えられる．

同じく，64 値 QAM のビット誤り率は次式となる．

$$P_e(\gamma) = \frac{7}{24}\,\mathrm{erfc}\left(\sqrt{\frac{1}{7}\gamma}\right) - \frac{49}{384}\,\mathrm{erfc}^2\left(\sqrt{\frac{1}{7}\gamma}\right) \tag{3.28}$$

3.5 フェージング回線におけるビット誤り率の特性

無線通信では回線が時間とともに変動し,受信振幅の変動や位相の変動を引き起こすフェージング現象が知られている.ここでは,利用する周波数帯域全体に均一な周波数特性をもつフラットフェージング(flat fading)で,しかも緩やかに変動する場合のビット誤り率の特性と変調方式の関係を示す.振幅の確率密度関数はレイリー確率密度関数に従うと仮定する.更に,位相の変動の影響は少ないものと仮定する.

まず,瞬時SN比γを求める.瞬時SN比とはフェージングによって変動する受信信号の電力と,定常的な雑音電力との間の比をいう.受信信号の振幅も雑音の振幅もレイリー確率密度関数をもつと仮定すれば,瞬時SN比の確率密度関数は指数関数として,$\gamma \geq 0$において,次式で与えられる.

$$p(\gamma) = \frac{1}{\Gamma} \exp\left(-\frac{\gamma}{\Gamma}\right) \tag{3.29}$$

$$\gamma = \frac{E_b}{N_0}, \quad \Gamma = \frac{\overline{E_b}}{N_0}$$

γはフェージングで刻々変化する瞬時のSN比であり,Γは平均SN比である.

次に,フェージング時ではないAWGN回線の場合,すなわち,白色ガウス雑音のみ存在する回線のビット誤り率を$P_e(\gamma)$とする.これは,本書で既にいくつかの変調と復調方式において与えられている.

フラットフェージングにおけるビット誤り率$P_E(\Gamma)$は次式で与えられる.

$$P_E(\Gamma) = \int_0^\infty P_e(\gamma) p(\gamma) \, d\gamma \tag{3.30}$$

ここで,BPSKのAWGN回線で遅延検波すなわちDPSKのビット誤り率(式(3.20))は簡単な形であることを利用して

$$P_e(\gamma) = \frac{1}{2} \exp(-\gamma), \quad p(\gamma) = \frac{1}{\Gamma} \exp\left(-\frac{\gamma}{\Gamma}\right)$$

を式(3.30)に代入して

$$P_E(\Gamma) = \frac{1}{2(1+\Gamma)} \tag{3.31}$$

となる.また,BPSKの同期検波についても同様に

$$P_E(\varGamma) = \int_0^\infty \frac{1}{2}\operatorname{erfc}(\sqrt{\gamma})\frac{1}{\varGamma}\exp\left(-\frac{\gamma}{\varGamma}\right)d\gamma$$

$$= \frac{1}{2}\left(1-\sqrt{\frac{\varGamma}{1+\varGamma}}\right) \cong \frac{1}{4(1+\varGamma)} \tag{3.32}$$

となる．近似は $\varGamma$ が1より十分大きい場合に成立する．式(3.31)と(3.32)を比較すると，遅延検波に比べて同期検波が半分の誤りであることがわかる．これは，遅延検波が2ビットにわたって位相を比較するからで，一方のビットが誤ると，他方も誤るからである．

BFSK の非同期検波のフェージング回線のビット誤り率は，式(3.16)と式(3.29)，式(3.30)によって

$$P_E(\varGamma) = \frac{1}{2+\varGamma} \tag{3.33}$$

であり，BFSK の同期検波については，式(3.15)と式(3.29)，式(3.30)によって

$$P_E(\varGamma) = \frac{1}{2}\left(1-\sqrt{\frac{\varGamma}{2+\varGamma}}\right) \cong \frac{1}{2(2+\varGamma)} \tag{3.34}$$

である．ここでも2:1で非同期検波のほうが誤りが多く，同期検波のほうが優れている．

フェージングを受けない AWGN 回線とフェージングを受ける回線を比較すると，フェージングを受けない回線の P_e は γ の指数関数で示されたり，誤差補関数であったりで，γ が増加すると鋭く減衰するが，フェージングを受ける場合の P_E は $\varGamma$ の逆数のオーダで緩やかに減衰する．明らかに，フェージング回線のほうが同じ品質を保つためにははるかに大きな $\varGamma$ が要求される．

高能率変調においても P_E が同様に求まる．フェージング回線における16値 QAM，64値 QAM の同期検波では，おのおの近似的に次のようになる．

16値 QAM では
$$P_E(\varGamma) \cong \frac{3}{8}\left(1-\frac{1}{\sqrt{1+\dfrac{5}{2\varGamma}}}\right) \tag{3.35}$$

64値 QAM では
$$P_E(\varGamma) \cong \frac{7}{24}\left(1-\frac{1}{\sqrt{1+\dfrac{7}{\varGamma}}}\right) \tag{3.36}$$

フェージング変動が速い場合や，周波数特性がフラットでない周波数選択性フェージング (frequency selective fading) の場合についてはここでは触れないが，文献8)，9)に詳しい．

本章のまとめ

❶ **ディジタル変調** ディジタルの1と0の符号による変調方法であり，ASK，FSK，PSK，QAMなどの変調方式がある．

❷ **ASK** 搬送波の振幅をディジタル符号に合わせて変化させる方式である．例えば，ディジタル符号が1のときは搬送波を送り，0のときは送らない．

❸ **FSK** 搬送波の周波数をディジタル符号に合わせて変化させる方式である．例えば，ディジタル符号が1のときは周波数f_1の搬送波を送り，0のときは周波数f_2の搬送波を送る．

❹ **PSK** 搬送波の位相をディジタル符号に合わせて変化させる方式である．例えば，ディジタル符号が1のときは0°の位相の搬送波を送り，0のときは180°の位相の搬送波を送る．

❺ **GMSK** 携帯端末の小形化のためには電力効率のよい変調方式が好まれる．直交性をもつFSK変調のなかで最も帯域の狭い変調をMSKと呼ぶが，MSK変調のスペクトルは広がりが大きい．このスペクトルのサイドローブをガウシアンフィルタで抑制したものがGMSKである．振幅変動が少ないために電力効率のよい非線形増幅が利用できる．

❻ **π/4 シフト QPSK** GMSKと同様に電力効率に優れた変調方式である．一般のQPSKでは振幅変動が大きく，電力効率に優れない．そこで，偶数番目と奇数番目に送るQPSKのシンボルを45°だけずらすことで，振幅変動を抑えて電力効率に優れた方式である．

❼ **QAM** PSKを多値化したときに，信号点間距離が不足し，誤りを起こしやすくなる．これに対して，QAMはPSKが位相の変化のみに依存していたのを，位相と振幅の変化によって変調することで，大きな信号点間距離をもつことができ，誤りが少なくなる方式である．

●理解度の確認●

問 3.1 ASKを用いて包絡線検波と比較して同期検波では，雑音の影響を電力にして半分にできることを述べよ．

問 3.2 QPSKで4 Mbpsの伝送速度を送ることができる同じ周波数帯域で，16値QAMであれば何Mbpsの伝送が可能であるか述べよ．

4 多元接続

　人間が会話をするとき，それが二人ならば，二人のうちどちらかが，先に話し，それに対して相手が答え，会話が継続するプロセスになる．話している最中は，相手の声は聞きにくいので，交互にしゃべり，相づち以外は同時に話さないようにしている．広い宴会場のようなところでは，いくつかの会話グループができあがり，グループの仲間どうしは近くにいて，他のグループとはできるだけ干渉しないようにしている．しかし，グループの数が増えると，干渉して，会話がしにくくなる．一方，モバイルコミュニケーションは多くのユーザが音声や画像，データを電気信号にし，変調し，空間に飛ばすが，与えられた周波数資源を有効に使うかどうかは，接続方式に大きく依存する．そのために，通信につきものの標準化議論では，この接続方式が最も大切な事項になる[1]．

　本章では，まずデュプレックスについて触れ，続いて多元接続方式について述べる．

4.1 デュプレックス

　人間の会話をモバイル通信で行う場合は，直接の会話とは異なる種々の方式がある．まず，電波を利用する回線については，一つのモバイル局に二つの回線が必要であることはすぐわかる．相手に話すための送信回線と，相手の声を聞くための受信回線である．しかもリアルタイムに二つの回線が動作する必要がある．このような動作をデュプレックスと呼んでいる．もちろんハンディートーキーのように，片方のモバイル局が話しているとき相手はじっと聞いて，終わると相手が話すという，デュプレックスになってない方式もあるが，相づちも打てないので，会話の効率が悪い．セル内の基地局と一つの端末（モバイル局）間のデュプレックスを図4.1に示す．

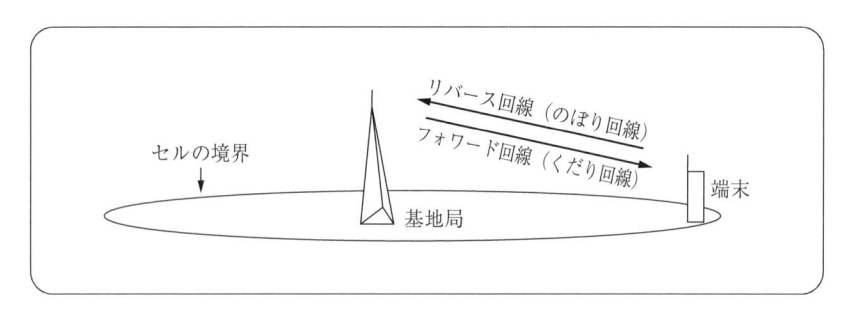

図4.1　基地局と端末（モバイル局）間のデュプレックス

　この上下回線の構成方法は二つあり，FDD (frequency division duplex) と TDD (time division duplex) である．FDD は上下回線を周波数で分割する．一方，TDD は短い時間スロットを交互に繰り返す方法である．両方の概念を図4.2に示す．

　FDD はアナログ時代から利用されてきた方法であり，異なった周波数スロットを割り当てる．モバイル端末では送信も受信も同じアンテナを利用し，狭い場所に送信機も受信機も搭載するので，送信信号が受信機に回り込むことを防ぐために，ガードバンドが必要である．受信信号は基地局から数十 dB 以上も減衰して到着するので，送受信間の電力差は大きく，フィルタで十分に送信信号を減衰させるのが困難なため，中心周波数の5%以上の幅のガードバンドが必要といわれる．例として 800 MHz 帯域の PDC (personal digital cellular) は 50 MHz のガードバンドを設けている．一方，TDD は送受信のスイッチがあればで

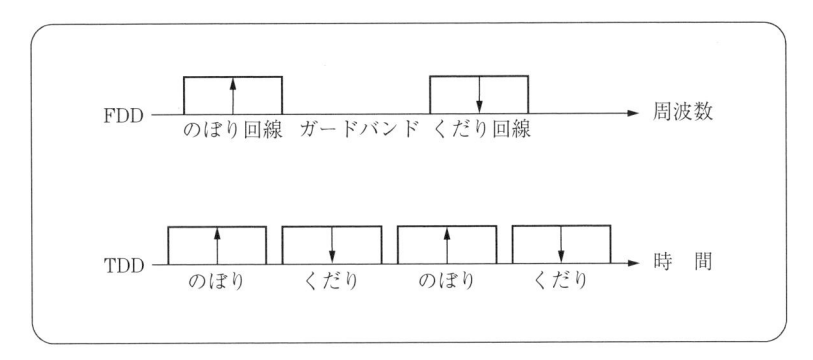

図4.2 FDDとTDD

きる．具体例は PHS と TD-CDMA（time division-CDMA）である．これらではスロット幅は数 100 μs 程度であり，スロットとスロットの間はガードタイムとなり，モバイルと基地局間の伝搬時間によって決まる．長い伝搬時間であれば，すなわち，セルラーにおいては広いセルほどこの時間は長くなるが，時間スロット幅に比較して短い．また，周波数としてペアーになるバンドは不要で，単一のバンドのみでよいことになる．FDD と異なり，音声は符号化されたあとに時間圧縮される．時間圧縮によって受信スロット用の時間が確保できる．時間圧縮はアナログ通信では不可能なことであり，そのために，アナログのモバイル通信には TDD は利用されず，FDD のみが利用される．当然ながら，この時間スロットは音声のみならず，画像やデータなどの伝送もできる．テレビ会議などでは，音声と画像を同時に伝送する必要がある．また，上下回線のスロット比を必ずしも 1：1 にしなくてもよい．例えば，のぼりに比較して，くだりの時間スロットの幅を広げて非対称にすることもできるが，FDD では制約が多く困難である．

　FDD は，欧州の GSM，日本の PDC，第三世代移動通信の WCDMA に利用され，TDD は日本の PHS，欧州の DECT，第三世代移動通信の TD-CDMA に利用されている．

4.2 多元接続方式

　音声の利用などのリアルタイム通信を中心とした固定的接続方法と，パケット利用を中心とした随時的接続方法に分けられる．音声通信の場合は会話が主体であるので，リアルタイム，かつ継続的に接続されなければならない．一方，パケットの場合はリアル

タイム的，かつ継続的に接続される必要はない．回線が空いているときを見はからってパケットを送ればよい．ただし，音声用だからといってリアルタイム的でない利用方法には使えないとか，パケット用だといって，音声に利用できないとか，はっきり切り分けられるものではなく，時代が経つにつれて，境界はあいまいになっている．

4.2.1 固定的接続方式

〔1〕 **CDMA** CDMAについては，6章で詳しく述べられているので，ここでは，短い説明にするが，拡散符号によって個々のユーザを識別し，ユーザどうしの干渉を防ぐ．2000年から実施されている第三世代移動通信のほとんどがこの方式である．

〔2〕 **TDMA** TDMAは，時間を分割することによってユーザの識別をし，干渉を防ぐ．図4.3にTDMAの時間フレーム構造を示す．情報部分にユーザごとのスロット1〜Nが割り当てられる．

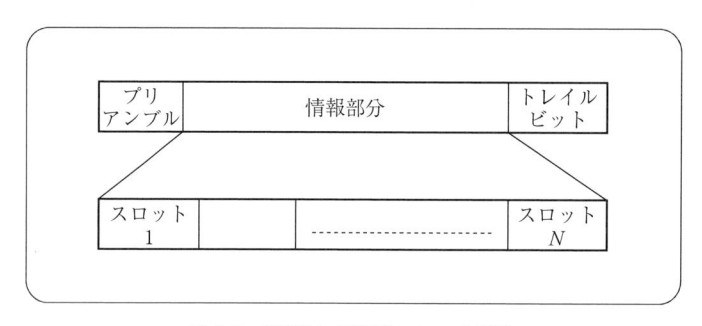

図4.3　TDMAの時間フレーム構造

TDMAのスロットNはGSMで音声回線で8といわれるが，一つのセルに，もっと多くのユーザ数がほしいので，複数の搬送波によってこれを増やす．そのために，TDMA/FDMAともいわれる．FDMAについては〔3〕で説明する．

CDMAとTDMAの両者を併せもち，かつデュプレックスはTDDという方式がTD-CDMAである．CDMAの干渉に強く，周波数効率が高いメリットをもち，TDMAの時間スロットごとにCDMAの干渉を減らすジョイントディテクションを利用すればよいので，一般のCDMAよりも効率が上がる．

例題4.1 TDMAの一つの搬送波は8個のスロットをもち，その周波数帯域幅は200kHzであり，くだり回線の帯域を20MHzとすると，同時ユーザ数はいくつか．

解答 20MHzを200kHzで割ると100となって，100本の搬送波を利用している．1本当り，8ユーザあるので，100×8＝800ユーザである． ♠

〔3〕 **FDMA** TDMAは，1本の搬送波で十分なユーザ数をもてないので，複数の搬

送波をもち，ユーザ数を増やす．FDMA はアナログ方式の時代から用いられた方式である．アナログ時代には，複数の搬送波のうちの一つを選ぶと，それが一つのユーザに対応している．TDMA では，その搬送波の中の一つの時間スロットを選ぶことになる．

後の章で述べる OFDM は複数の互いに直交したキャリヤ（搬送波）をもつ．その搬送波をいくつかの部分に分けて多元接続に利用する OFDMA（OFDM access）も知られている．

4.2.2 随時的接続方式

〔1〕 **ALOHA** 最も原始的なパケット接続方式である．すべて同じ周波数帯域上でパケットを相手に送って，他のパケットとの衝突で届かなければ，適当なランダムな時間だけ待って，同じパケットを送るという方式である．処理能力（throughput）は高くできず，最大で 18.4% である．処理能力 S を式(4.1)に示す．

$$S = G\exp(-2G) \tag{4.1}$$

S は正規化処理能力を示す．G は正規化トラヒック量であり，伝送路が衝突なしに最大限送れるトラヒック量を 1 とする．$G=0.5$ で S は最大 0.184 になる．

ALOHA の処理能力特性は，**図4.4**に示すように，G の正規化トラヒックを 0 から増やしていくと伝送路でのパケット衝突によって頭打ちになるだけでなく，衝突が増えて特性が悪化する．

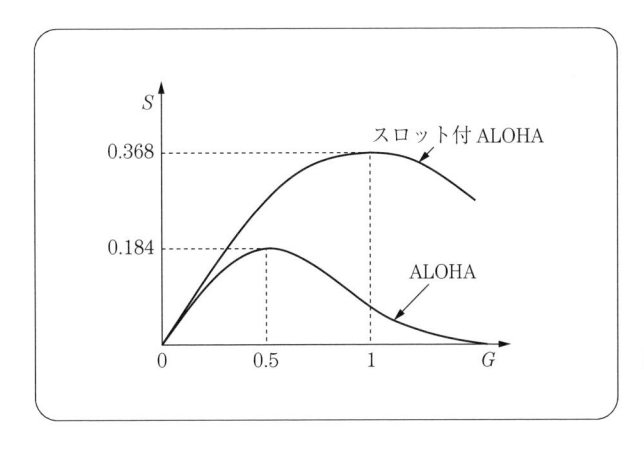

図 4.4 ALOHA とスロット付 ALOHA の処理能力特性

〔2〕 **スロット付 ALOHA** ALOHA における衝突は完全にパケットどうしが重なる衝突から，ほんのわずかの重なりによる部分的衝突まである．部分的衝突の確率が高いので，処理能力の低下の原因になっている．そこで，送信局間でパケットの送信タイミングを合わせ，時間スロットを決めてパケットを送信すれば，完全に 100% 衝突するか，まったく

衝突しないかのどちらかになり，部分的衝突による処理能力の低下を回避できる．$G=1$ のとき，最大 36.8％の処理能力になる．処理能力は次式で表される．

$$S = G\exp(-G) \tag{4.2}$$

図 4.4 に ALOHA との比較を示す．スロット化により大きく特性が改善されるが，送信局間の同期が必要であるのはいうまでもない．

〔3〕 **CSMA**　いままで説明した二つの ALOHA ともに，パケットを送信する前にチャネルを観測したりはしない．適当にパケットを送って，衝突すれば再送するという単純な方法である．自動車の運転でいえば，道路状況を見ないで，いきなり車庫から車を出すようなものである．CSMA（carrier sense multiple access）では，送信前にチャネル状況を観測してから，パケットを送信することで，処理能力を改善できる．道路状況を見ながら，車を出せば，衝突を回避できるのと同じである．

しかし，この方式においては，伝搬遅延が大きな意味をもつ．複数の送信局が遠く離れていて，伝搬に時間がかかると，回線状態を観測して，誰もパケットを出していないのを確認して，パケットを送信しても，他の送信局がすでにパケットを送っていてもわからない場合がある．

また，例えば，図 4.5 のような端末間の地理的関係による隠れ端末問題についても，CSMA は有効ではない．端末 A も C も端末 B にパケットを送ろうとしているが，A のパケットは C に届かず，C のそれは A に届かない．A が回線状態を観測しても C のパケットを聞けないので，A はパケットを送信すると，B 上で C から送られているパケットと衝突するという問題である．

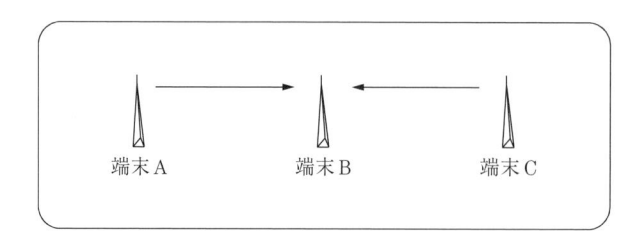

図 4.5　隠れ端末問題

☕ **談　話　室** ☕

CDMA　多元接続は，モバイル通信の標準化の最重要項目といえる．1990 年初頭のモバイル通信はアナログからディジタルへの変革期にあり，多元接続をどうするかで大きな議論があった．おおかたは，TDMA が有力とみていたが，あとになって，ビタビ復号で有名なカルコム社の副社長ビタビ氏が CDMA を提案し，大混乱となった．米

国では，この結果，TDMA だけでなく，CDMA も標準になった．その後，CDMA は米国よりも韓国や日本で第二世代モバイル通信に利用され，更に第三世代モバイル通信の主力多元接続方式となった．カルコム社は当時社員 250 名のベンチャーカンパニーであるのに，大企業と同等の活躍ができたのは，ビタビ氏の学会や業界での強い説得力のためである．同氏はカリフォルニア大学の教授をしていたが，仲間とともにリンカビットという会社を興こし，ビタビ復号器を製造し，あとにカルコム社を興した．大学から産業へと鮮やかに転身した人である．著者の一人も同氏を知るが，たいへん親切で気さくであり，驕った感じがしない．推薦人になっていただいたこともある．

本章のまとめ

❶ **デュプレックス**　双方向の通信をリアルタイムに行う場合に必要な回線機能である．音声通信であれば，利用者が話しながら，相手の声を聞く送受信機能である．FDD は送信と受信を異なる周波数帯域に割り当て，TDD ではこれらを異なる時間スロットに割り当てて，自分の送信信号が受信信号を干渉しないようにする．モバイル通信のデュプレックスでは，送信信号の電力が 20 dBm 前後あるのに，受信電力については，−100 dBm 程度の場合もあり，大きな差があることである．このために，送信から受信への回込み対策が重要になる．

❷ **CDMA**　携帯電話における多元接続方式では主流の一つ．各ユーザは周波数や時間は共通に利用するが，拡散符号によって識別し，干渉を排除する．他の FDMA や TDMA よりもセルラー通信においては，隣接セルの周波数を同じにできるので，周波数効率が高い．

❸ **TDMA**　これも携帯電話において主流の一つである．各ユーザは周波数を共通に利用するが，時間スロットを異なるようにして識別し，干渉を防ぐ．

❹ **FDMA**　アナログ携帯電話における多元接続方式の主流である．異なる周波数をユーザに割り当てて識別し，干渉を防ぐ．

❺ **TD-CDMA**　CDMA と TDMA の両者を併せもち，かつデュプレックスは TDD という方式であり，世界標準である IMT-2000 に含まれる．CDMA の干渉に強く，周波数効率が高いメリットをもち，TDMA の時間スロットごとに CDMA の干渉を減らすジョイントディテクションを利用すればよいので，ジョイントディテクションの利用がその複雑さから利用しにくい一般の CDMA よりも効率が上がる．

❻ **ALOHA**　パケット通信において，随時にパケットを送信する方式である．このために，他のユーザのパケットと衝突することがあるが，そうしたら，再度送り相手に到達するまで繰り返す方式である．

❼ **スロット付 ALOHA**　一般の ALOHA ではパケットの一部分の衝突も再送を要求することになる．スロット付 ALOHA はユーザ間を同期することで，全衝突かまったくないかのどちらかにして，処理能力を上げる方式である．

❽ **CSMA**　ALOHA やスロット付 ALOHA ではパケット送信前に回線の状態を監視することはしない．CSMA は他のユーザのパケットを発見すればパケットの送信を抑える方式である．

❾ **隠れ端末問題**　CSMA は有効な方法であるが，隠れ端末を発見できない．隠れ端末とは，例えば，A と B の二つのユーザが C にアクセスしようとしているが，いずれも，C にはパケットが到達するが，A も B も互いのパケットの送信を見つけられないことで，結局，A と B のパケットが衝突する問題である．

●理解度の確認●

問 4.1　固定的多元接続方式を三つあげて説明せよ．

問 4.2　随時的多元接続方式を三つあげて説明せよ．

5 CDMA

　CDMA は，移動通信の第二世代の一部，第三世代の主力に採用され，その基礎は 1950 年代にすでに軍用に利用されていたスペクトル拡散通信（spread spectrum communications）にある．軍用通信の特徴は，秘匿性と，耐ジャミング性，秘話性にあるといわれる．秘匿性はそもそも信号が存在することを察知されない能力である．ジャミングとは妨害信号のことで，敵の信号によって通信が妨害されない能力を耐ジャミング性と呼ぶ．秘話性は信号が受信されているが，内容がわからない能力である．

　本章では，まず，軍用において優れた特性をもつスペクトル拡散通信に触れて，CDMA を理解する手がかりとし，更に CDMA のシステム構成，CDMA のセルラーシステムについて述べる[1〜4]．

5.1 軍用におけるスペクトル拡散通信

　図5.1に，敵対するA，Bの二国の軍用通信基地の位置関係を示す．基地AからA国のヘリコプタに信号を送る場合，無線通信の性質からその信号は味方のみならず，敵対するB国の基地Bでも受信されてしまう．

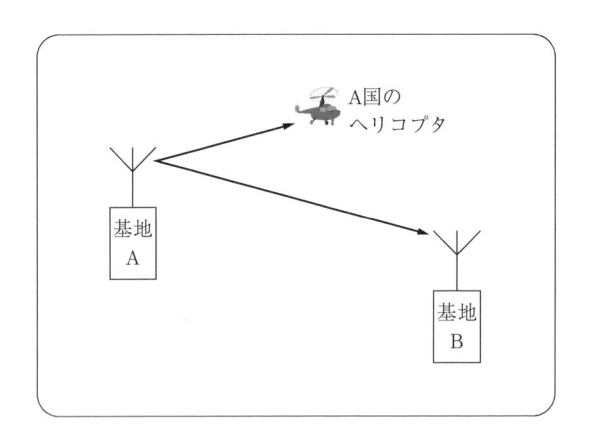

図5.1　軍用通信基地の位置関係

5.1.1　秘匿性

　基地Bの通信部隊は常にA国の信号の有無を監視し，通信があったら信号を検波してその内容を傍受しようとする．アンテナに接続された受信機は信号のみならず，雑音をも含んでいて，受信周波数と雑音，敵の信号の関係は図5.2のようになる．

　図(a)では，狭帯域信号を基地Aが送信しているために，雑音レベル以上のスペクトルの強さを持って，信号が受信されている．この状況では，基地Bでも簡単に信号の存在が察知され，検波されて内容が解析され，場合によっては基地Bからのジャミング信号妨害のきっかけを与える．図(b)では図(a)と同じ情報を広い周波数帯域に拡散したスペクトル拡散信号を基地Aから送信している．この場合，スペクトルのピークは大きく低下して，雑音レベル以下となるので，基地Bの通信部隊はその存在を察知しにくい．拡散の度合いを強めれば強めるほど，信号のスペクトルピークが低下するので，秘匿性が増すのである．

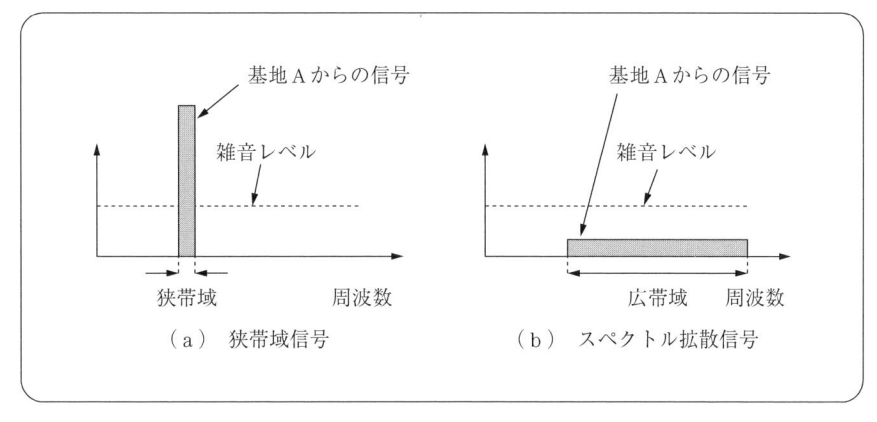

図5.2 軍用受信機における受信スペクトル

5.1.2 耐ジャミング性

図5.2のようなスペクトルはA国のヘリコプタの受信機においても同様に受信されている．図（a）ではすぐにこれを検波し情報を知る．図（b）ではいったん拡散された信号をヘリコプタの受信機内で図（a）のような狭帯域の信号に変換して検波し情報を知る．この操作を逆拡散過程（de-spreading process）と呼んでいる．図（a）の場合，すなわち，狭帯域信号では，基地Bからその狭帯域信号と似た強い信号を送るとヘリコプタでの受信は妨害されてしまう．しかし，図（b）では先の逆拡散過程のおかげで，強い妨害を受けても受信できる．これを耐ジャミング性と呼んでいる．この特性はCDMAの多元接続特性に利用されているものと同じ特性である．

5.1.3 秘話性

スペクトル拡散通信の逆拡散過程では，送られている信号に含まれる拡散符号と同じものを受信機側がもたなければならない．もしこれが異なれば，受信感度は低下して，雑音の影響のために受信できない．このことは一種の秘話性をもつことがわかる．しかしながら，この秘話性は一般の暗号に比べたら弱く，本格的なものではない．そのため，スペクトル拡散通信の情報においても，一般の通信におけるのと同様な暗号化の必要性がある．

5.1.4 スペクトル拡散通信とCDMA

軍用通信の場合は，先にあげたような特性をもつことが必要であり，そのためにスペクト

ル拡散通信が広く用いられている．しかし，基地Aから1機のヘリコプタだけでなく，同時に複数のヘリコプタに同じ周波数帯域を効率良く使って通信しようとは思わない．なぜならばそうした効率重視の方法は1機のヘリコプタへの通信が敵に傍受がなされると他も一網打尽に傍受されるからである．こうした効率重視の方法は民間利用の特色である．

スペクトル拡散通信は情報帯域よりも広い周波数帯域に拡散符号を利用して伝送させる通信方式であり，その中でCDMAは拡散符号を利用した多元接続方式である．

5.2 拡散変調

拡散符号を利用して，情報帯域よりも広い周波数帯域に拡散する変調を拡散変調と呼ぶ．ここでは，代表的な直接拡散変調，周波数ホッピング変調，複数搬送波拡散変調について述べる．

5.2.1 直接拡散変調と復調

この方式はセルラー移動通信などに広く利用されている．

〔1〕 **直接拡散変調** 図5.3に直接拡散（direct spreading：DS）変調器の構成を示す．

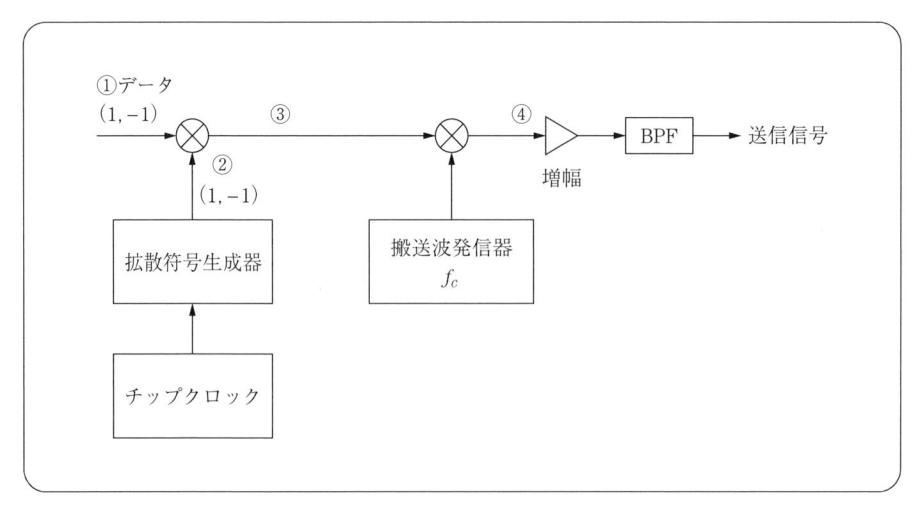

図5.3 直接拡散変調器の構成

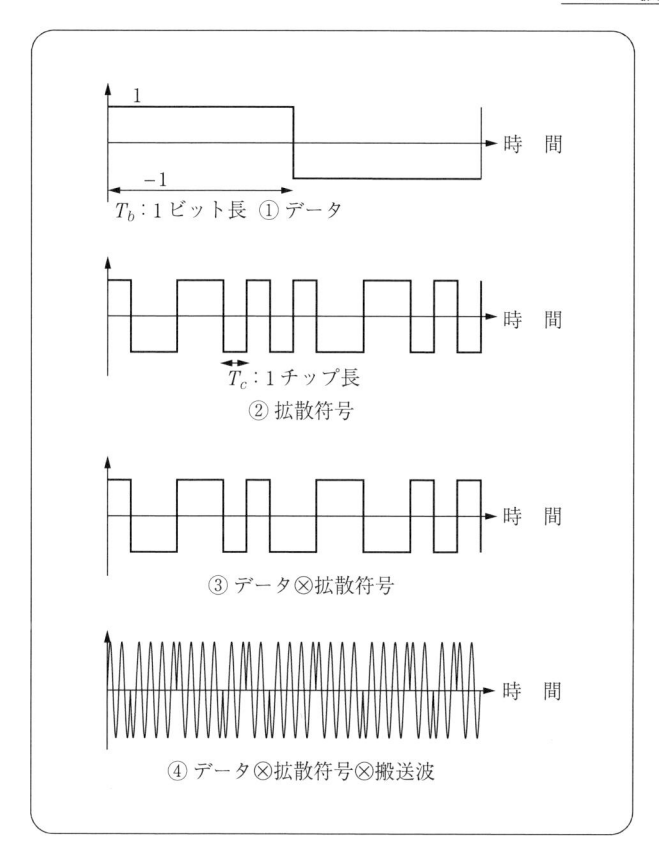

図 5.4 直接拡散変調の波形

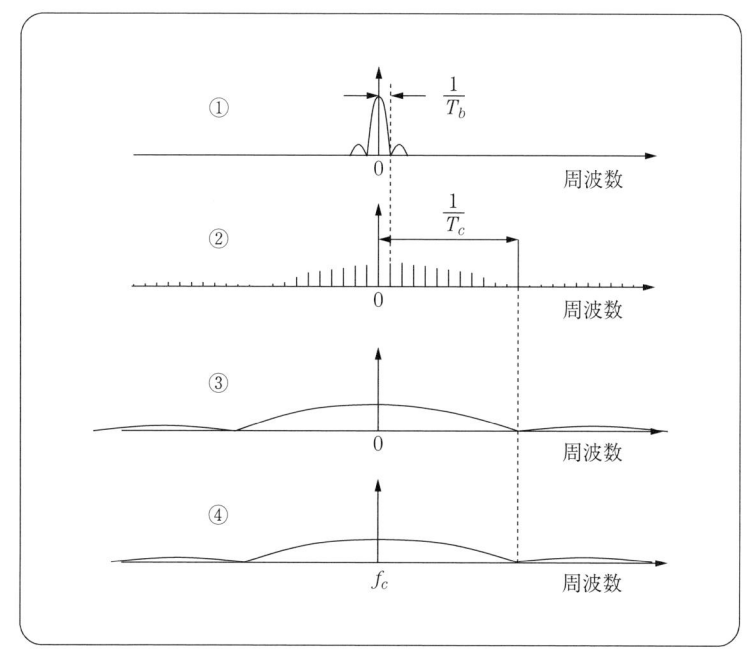

図 5.5 直接拡散変調のスペクトル

68　5.　CDMA

　拡散符号としては M sequence（最大周期系列）や Gold 系列のような自己相関特性と相互相関特性に優れたものが利用される．①から④までの各部分の波形を図5.4に示す（ここでのディジタル波形には説明のしやすい方形波形を用いている）．データ長に比べて拡散符号のチップはずっと短い．更に，チップよりも搬送波の周期は短い．

　図5.5に各部分①～④の電力スペクトルを示す．①では−1, 1がランダムな出現をするので，連続なスペクトルを示す．②は拡散符号が擬似ランダム符号を利用するものの，擬似ランダム符号は周期的信号であるために，線スペクトルになっている．その線と線の間隔は周期の逆数である．また，ゼロ周波数から最初の谷の部分までは，チップ間隔の逆数になっている．

　拡散帯域を広くとろうと思えば，チップ長を短くすればその逆数である $1/T_c$ は大きくなって，スペクトルは広がる．ここで，1ビット長を T_b としたとき

$$G_p = \frac{T_b}{T_c} \tag{5.1}$$

は拡散利得（processing gain）と呼ばれている．

〔2〕**直接拡散復調**　図5.6に直接拡散復調器を示す．①の部分には拡散された信号があり，雑音を含んでいる．帯域フィルタ BPF1 の出力ではそうした雑音を少なくして直接拡散信号を取り出す．その出力に同じ拡散符号を同期させて乗算する．

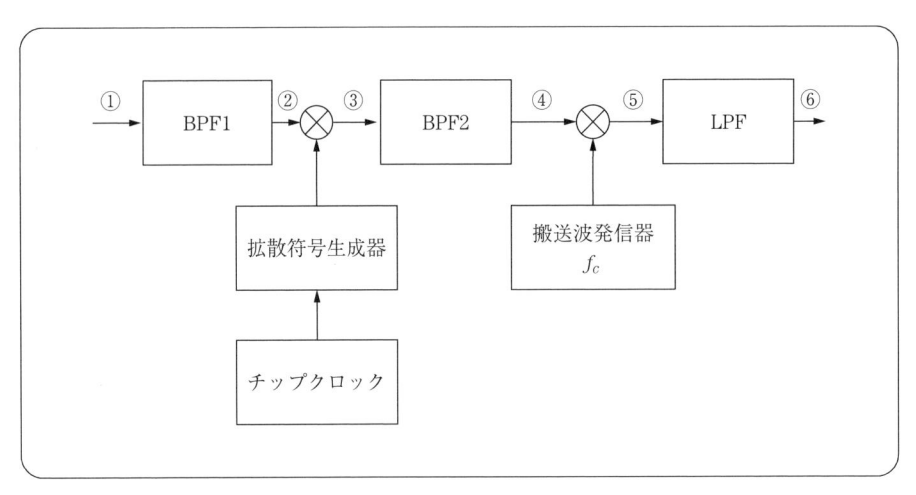

図5.6　直接拡散復調器

　BPF1の出力②に現れた直接拡散信号と雑音を式(5.2)のように表す．

$$r(t) = \sqrt{2P}\, d(t)\, c(t) \cos(2\pi f_c t + \theta) + n(t) \tag{5.2}$$

ここに，P：受信電力，$d(t)$：データ，$c(t)$：拡散符号，θ：位相，雑音 $n(t)$：f_c を中心とした直接拡散信号の帯域幅のスペクトルを含む．

③ では同じ拡散符号 $c(t)$ が乗算されるので

$$r(t)c(t) = \sqrt{2P}\,d(t)c(t)c(t)\cos(2\pi f_c t + \theta) + n(t)c(t)$$
$$= \sqrt{2P}\,d(t)\cos(2\pi f_c t + \theta) + n(t)c(t) \tag{5.3}$$

となって，$c(t)c(t)=1$ が常に成立するので，拡散成分は消滅して，$d(t)$ による狭い帯域幅をもつ PSK 信号と雑音になる．帯域フィルタ BPF 2 は中心周波数は f_c であるが，BPF 1 よりもずっと狭い帯域の帯域フィルタになる．BPF 2 を通過した ④ の後で，$d(t)$ を検出するのには，同期検波と遅延検波の二つの方法があるがこの図では，同期検波が示されている．同期検波用搬送波は $\cos(2\pi f_c t + \theta)$ であり，式(5.3)と同じ周波数，位相をもっている．これを乗算すると，⑤ の波形になるが，この中にはベースバンド (baseband) である $d(t)$ の成分とともに，$2f_c$ の成分と雑音成分が含まれるので，低域フィルタ LPF によって $2f_c$ と雑音の成分を除去したのが ⑥ の出力である．ここにデータが現れる．

式(5.2)は拡散帯域信号を，式(5.3)は狭帯域信号を示しているので，② から ③ の過程を逆拡散過程と呼んでいる．

5.2.2 直接拡散変調の雑音特性

直接拡散変調信号に白色雑音が加えられた場合のビット誤り率の特性は，結論から先にいうと，狭帯域の変調で伝送しても同じ特性が出るということである．拡散しても狭帯域の変調と比べて利得は得られない．もちろん，拡散したことで帯域は増えて，狭帯域で伝送したものに比べて，それだけ白色雑音の総合電力は増えてしまうが，受信機の逆拡散プロセスでは拡散信号は狭帯域信号に戻り，白色雑音の影響は同じであるので，結局，狭帯域変調と同じ特性になる．しかし，先に述べた軍用通信のような，敵対する相手が受信しにくくなるという性質はある．

$$P_e = Q\left(\sqrt{\frac{2E_b}{N_0}}\right) \tag{5.4}$$

式(5.4)はビット誤り率特性を表しており，これは BPSK 変調に白色雑音を加えた場合と同じである．E_b はビット当りのエネルギーであり，$N_0/2$ は 1 Hz 当りの白色雑音の電力密度になる．$Q(x)$ は次式で与えられる．

$$Q(x) = \frac{1}{\sqrt{2\pi}} \int_x^\infty \exp\left(-\frac{t^2}{2}\right) \tag{5.5}$$

図 5.7 は狭帯域 BPSK 信号と直接拡散信号との比較を示したものである．この図の上部は BPSK を，下部は直接拡散変調を示している．BPSK の場合，雑音に完全に埋もれるようなことでは，データ伝送ができないので，十分な SN 比を BPSK の復調器入力に与える

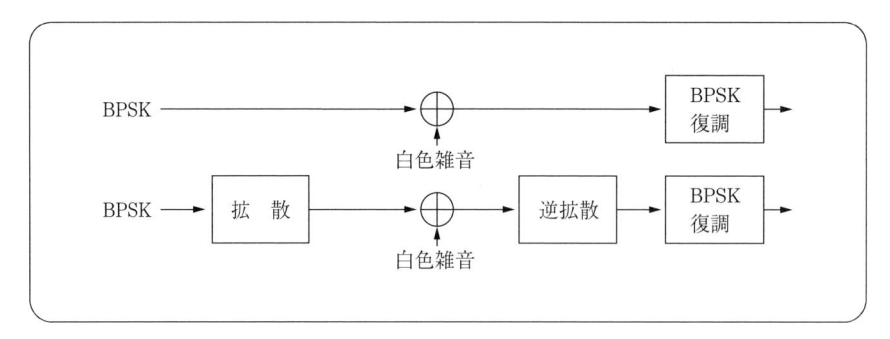

図 5.7 狭帯域 BPSK 信号と直接拡散変調

ように設計する．直接拡散変調では帯域拡散後に BPSK の場合と同じ電力を送信するが，通過帯域が広がるので雑音電力が増加して，その SN 比は BPSK よりも $1/G_p$ だけ劣化する．このため，ここでの SN 比は 0 dB 以下の場合も多い．しかし，逆拡散過程によって G_p だけ利得があがり，BPSK 復調器の入力の SN 比は BPSK の場合と同じになり，BPSK 復調器の出力での特性は同じになるのである．

5.2.3　直接拡散変調の狭帯域干渉特性

周波数に対して一様な電力をもつ白色雑音に対しては，拡散のメリットのない直接拡散変調であるが，干渉信号には大きなメリットをもつ．ここでは最も簡単な干渉として，単一正弦波を干渉とした場合を例にあげる．図 5.6 の②の部分では雑音以外に $I(t)$ の干渉が加えられる．

$$r(t) = \sqrt{2P}\,d(t)\,c(t)\cos 2\pi f_c t + n(t) + I(t) \tag{5.6}$$

③では，拡散符号が乗算され

$$r(t)\,c(t) = \sqrt{2P}\,d(t)\cos 2\pi f_c t + n(t)\,c(t) + I(t)\,c(t) \tag{5.7}$$

となる．$n(t)c(t)$ は同じスペクトルをもつ白色雑音になり，$I(t)c(t)$ は $I(t)$ の狭いスペクトルとは異なり，拡散されたスペクトルになる．図 5.8 はそうした逆拡散前後のスペクトルを示している．

図 (a) では，狭いスペクトルの大電力をもつ干渉が示されるが，図 (b) では逆拡散によって広い周波数に拡散され，電力スペクトル密度が低くなっていることを示す．直接拡散信号は逆に狭帯域信号になっている．W は拡散符号によって拡散された帯域，R は狭帯域信号の帯域であり，拡散利得を表す式 (5.1) は

$$G_p = \frac{W}{R} \tag{5.8}$$

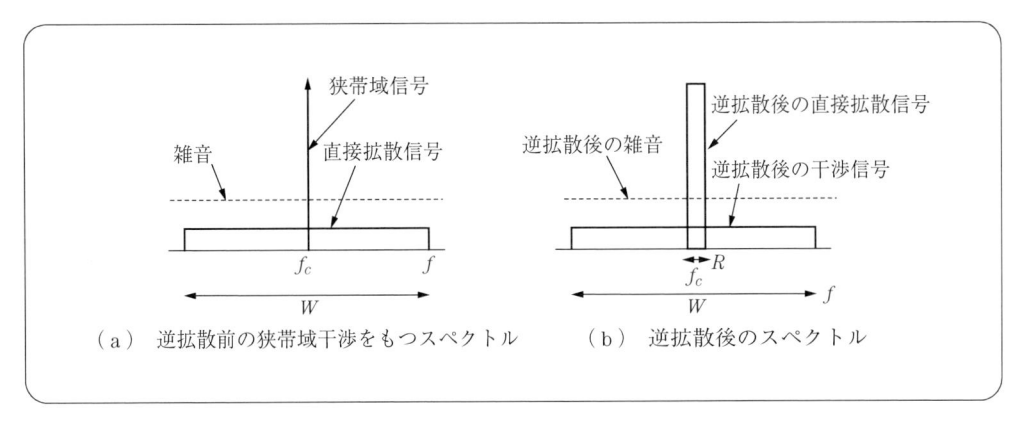

```
┌─────────────────────────────────────────────────────────────────┐
│         狭帯域信号                    逆拡散後の直接拡散信号      │
│  雑音  ↓                   逆拡散後の雑音 ↓                    │
│   ↓   直接拡散信号              ↓      逆拡散後の干渉信号      │
│                                                                  │
│  ─────┬─────            ─────┬─────                           │
│       fc     f                 fc  ←R→  f                       │
│  ←─── W ───→                ←─── W ───→                        │
│  (a) 逆拡散前の狭帯域干渉をもつスペクトル  (b) 逆拡散後のスペクトル │
└─────────────────────────────────────────────────────────────────┘

**図5.8 逆拡散前後のスペクトル**

とも表される．この $R$ に合わせて，BPF 2 の通過帯域を設計すれば，広く拡散された干渉信号のスペクトルは BPF 2 の帯域外に排除されて，直接拡散信号が復調できる．

まず，逆拡散前の SI 比（signal power to interference power ratio：SIR）$SIR_{\text{before}}$ は

$$SIR_{\text{before}} = \frac{P}{P_I} \tag{5.9}$$

で表される．ここでは雑音は無視する．$P_I$ は干渉信号の受信電力である．$P$ は先に示したが，直接拡散信号の受信電力である．この SI 比が同じくらい，もしくは 1 以下であれば，普通の狭帯域信号では復調は困難である．

逆拡散後の $SIR_{\text{after}}$ は

$$SIR_{\text{after}} = \frac{P}{P_I \dfrac{R}{W}} = \frac{P}{\dfrac{P_I}{G_p}} = SIR_{\text{before}} \times G_p \tag{5.10}$$

で表され，逆拡散で $W$ に帯域の広がった干渉信号の電力を $R$ の帯域をもつ BPF 2 で $R/W$ だけ減らせることから明らかである．

式(5.10)によって，拡散利得だけ SI 比が改善することがわかる．拡散利得が 100 であれば，100 倍（20 dB）だけ SI 比が改善できる．例えば，0 dB の SI 比も 20 dB の SI 比になるのである．狭帯域信号に SI 比が 0 dB の干渉を与えると受信が困難になる場合が多いが，直接拡散信号は拡散利得を利用して受信できる．

## 5.2.4 パス分離

無線の電波はアンテナから放射されると四方に広がり，山や建物，樹木などで反射したり，回折したり，散乱したりで，複雑な伝搬経路（パス）を経て受信アンテナに到着する．そのために，同じ受信アンテナに速く到着する遅延の少ないパスもあれば，遅く到着する遅
```

延の多いパスもできる．このような遅延の違いの複数のパスによる現象はディジタル伝送では符号間干渉，すなわち時間的に前後のディジタル符号が干渉を引き起こすので，通信の品質を大きく損なうことが多い．こうしたことは複数のパス分離ができないために起こるのである．しかし，図5.4に示したように，周波数拡散変調では，拡散符号のチップ長 T_c が一つの単位になっている．このために，パスの遅延が T_c 以上に離れると，分離して復調できる．例えば，複数のパスのうちの一つのパスのみ復調すれば，符号間干渉なしに受信できるが，受信している電力の一部分しか利用しないことになる．複数のパスの電力をも最適に利用するのがrake受信機である．rakeとは熊手のことを意味する英語である．複数に分離されたパスの電力を集める意味からこの用語が使われる．

この方式は最大比合成（maximum ratio combining）ダイバーシチの一種になる．すなわち，分離された各パスの振幅に比例した重みをかけて，位相を合わせて和をつくり最大のSN比になるようにする．

5.2.5　周波数ホッピング変調

DSの拡散符号は周波数を変化させることはなく，位相を変化させ周波数を拡散するものであったが，周波数のホッピングによって拡散するものを周波数ホッピング（frequency hopping：FH）という．図5.9にFH変調器を示す．

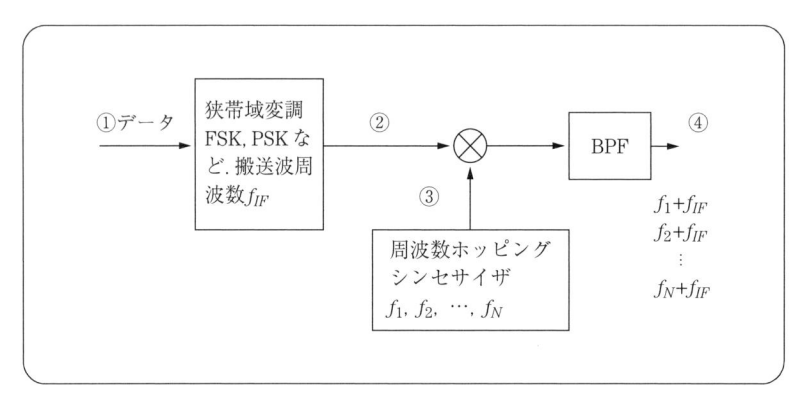

図5.9　FH変調器

まず，データはFSKやPSKに狭帯域変調され，シンセサイザが周波数のホッピングパターンを与える．③の周波数は図5.10のようなものになる．これを1周期にして繰り返す．送信信号④の周波数は $f_1+f_{IF}, , , f_N+f_{IF}$ となる．

ホッピングの周波数は1チップが T_c の長さをもつ．この長さが狭帯域変調信号のシンボル長よりも長いときは低速周波数ホッピング（slow frequency hopping），短いときを高速

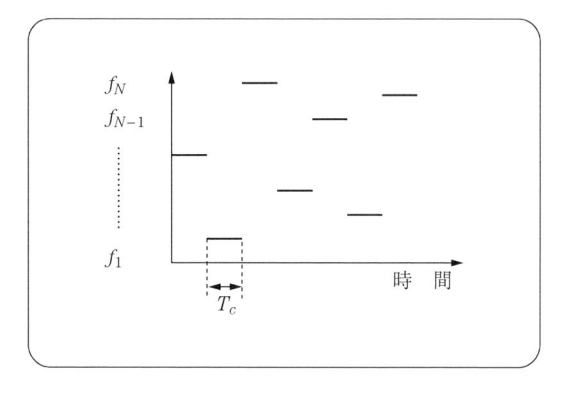

図 5.10 ホッピングパターン

周波数ホッピング（fast frequency hopping）と呼んでいる．シンセサイザの負担から考えると，低速周波数ホッピングが好ましいが，1チップが干渉などで，損害を受けていると，そのチップに含まれるシンボル全体に誤りが波及する．高速周波数ホッピングならば，1シンボルの中に複数の異なるチップが含まれるので，損害を受けているチップは部分的であり，誤りに対して強い．低速周波数ホッピングとして，無線 LAN などに既に製品があるが，高速周波数ホッピングはまだ知られていない．図 5.11 に FH 復調器を示す．

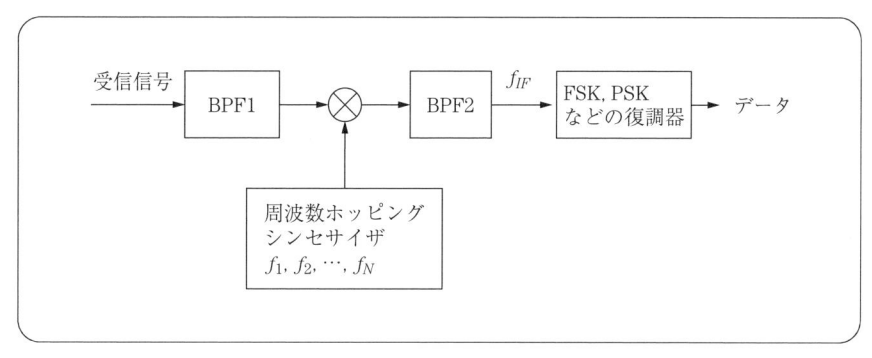

図 5.11 FH 復調器

変調側と同じパターンの周波数シンセサイザを同期して利用する．やはりここでも，DSと同様に拡散されていた受信信号はシンセサイザによって狭帯域化されるので，逆拡散過程と呼ばれる．BPF 1 は広い帯域の帯域フィルタであり，BPF 2 は狭い帯域のものになる．

スペクトル拡散方式は広帯域な信号を扱うので，複数の同時接続局が同じ周波数帯域を利用することがしばしばある．受信機から見て，例えば二つの信号が同じ電力で受信されたとする．拡散利得が 20 dB であれば，逆拡散後の SI 比は 20 dB になり，十分に復調可能である．しかし，受信希望の信号が弱く，逆拡散前の SI 比で -20 dB であったら，逆拡散後の SI 比は 0 dB になって復調困難になる．このような問題を遠近問題（near-far problem）と呼び，DS ではしばしば問題になる．一方，FH では，遠近問題は大きな問題にならない．

それは，一瞬一瞬周波数が変化するために干渉が分散化するためである．図5.10のホッピングパターンとは別のパターンを非希望接続局がもつ場合に，干渉になるのはパターンの1周期の中の数チップ程度だけであり，大多数のチップでは干渉にならないからである．非希望局の電力が大きくとも，実効的に干渉の影響を受けるのは衝突したチップのみとなる．このような衝突をヒットと呼ぶ．

5.2.6　複数搬送波拡散変調[5)〜7)]

5.2.4項では，パス分離ができると仮定して議論を進めた．rake合成はこの仮定のもとに導出された方式で，CDMAを利用した多くのセルラー移動通信で利用されている．CDMAのデータ速度が高くなり，かつ拡散利得も十分に保つとなれば，周波数帯域を広くとる必要が生じる．周波数帯域を広くするには，図5.4と図5.5からわかるように拡散符号のチップ長T_cを短くすればよい．T_cを短くするということは，パスの数を増やすことと同等である．パスの分離が可能とは，図5.12(a)のようにT_c以上の遅延量があった場合に拡散符号の自己相関特性が0の場合に当てはまるが，実際にはそうでない．実際の拡散符号ではパス間の干渉が生じる（図(b)のようになる）．パスの数が少ない状態では，パス間干渉は大きな問題にならないが，パスの数が多い場合に問題になる．rakeによって多くのパスを合成してSN比を改善しようとしても，rake合成の利得が十分に稼げないのである．実際の拡散符号においてパス間干渉の起こらないようにするには，拡散符号のチップ長を短くしないで済むような方策が必要である．

（a）理想的自己相関特性　　　　（b）実際の自己相関特性

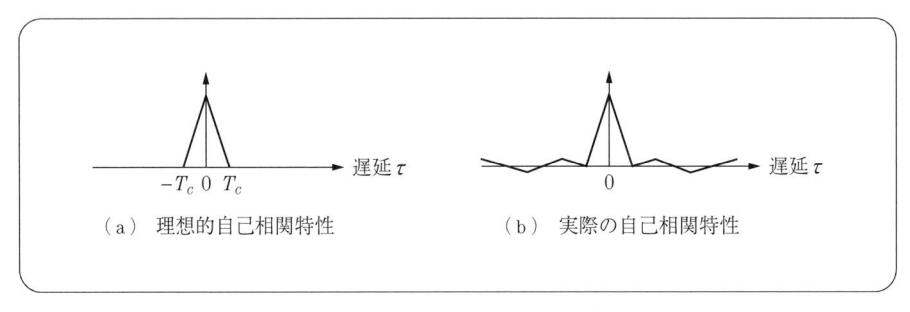

図5.12　拡散符号の理想と実際

そこで登場したのが，複数の搬送波を利用する周波数拡散変調である．この方式には二つの種類がある．MC-DS-SS (multi-carrier direct sequence spread spectrum) と MC-SS (multi-carrier spread spectrum) である．これらをCDMAに利用したのが，MC-DS-CDMAであり，MC-CDMAである．

〔1〕**MC-DS-SS**　　MC-DS-SSは単一搬送波のDS-SS方式を複数搬送波の形にした

ものであり，単純な形式である．おのおのの搬送波の DS-SS は全体の帯域よりも狭い帯域になるために，パスの数が減少し，パス間干渉を減らすことができる．

図 5.13 に典型的な構成を示す．まず，データが入力され，シリアル（直列）からパラレル（並列）に変換される．$c(t)$ は拡散符号であり，その先，M 個の異なる搬送波周波数の SS になり，それらの和をつくり，送信信号となる．いくつのパラレル数（M）にするかは，例えば，全帯域を一つの搬送波の DS-SS でカバーしようとすると，パス数が M 個あるとして，1 から M に SP 変換すると，おのおのの搬送波による SS はおよそ 1 個のパスを扱えばよいので，パス間干渉はほぼなくなる．元のデータ速度が R〔bps〕であり，全帯域を W とすると，W/R が単一搬送波 SS の拡散利得であるならば，各搬送波のデータ速度は R/M，おのおのの搬送波の SS の帯域は W/M であるから，おのおのの拡散利得は元の W/R と同じになる．

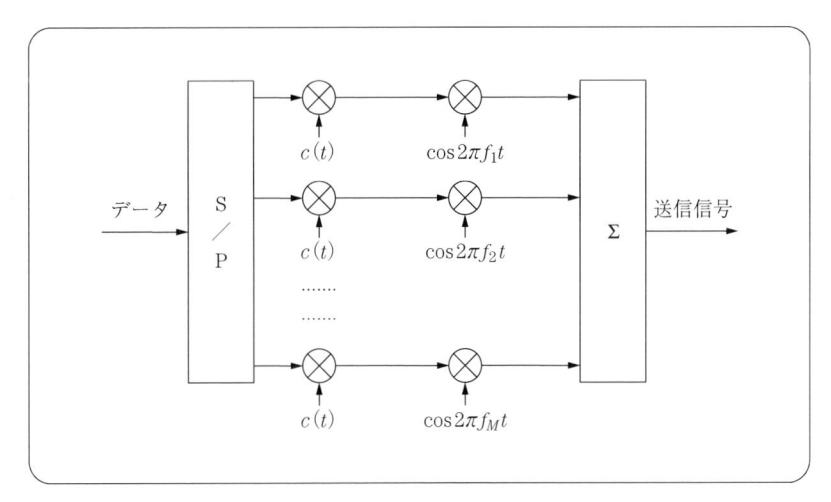

図 5.13　MC-DS-SS 変調器

以上の方式は拡散利得の面からよさそうに見えるが，広い周波数帯域を有効に活用しているとは思えない．広い周波数帯域を有していれば帯域内で周波数選択性フェージングを示すので，少し離れた周波数は独立に変動し，それを利用しての周波数ダイバーシチが利用できそうであるが，このままでは個々の搬送波の SS は周波数ダイバーシチを生かせない．周波数ダイバーシチを活用する方法を以下にいくつか示す．

（1）**M を少なくし，rake 合成を利用**　M をパスの数よりも少なくし，例えば，一つの搬送波で数個のパスを担当し，受信側で rake 合成してダイバーシチ利得を得る．こうすれば，rake 合成の際のパス間干渉も多くはなく，ダイバーシチ利得を十分にとれる．

（2）**S/P とコピーを利用**　図 5.14 では，直列データを S/P でいくつかの並列データにするが，M よりは少なく設定する．例えば，$K = M/3$ にして，K 個の並列データのう

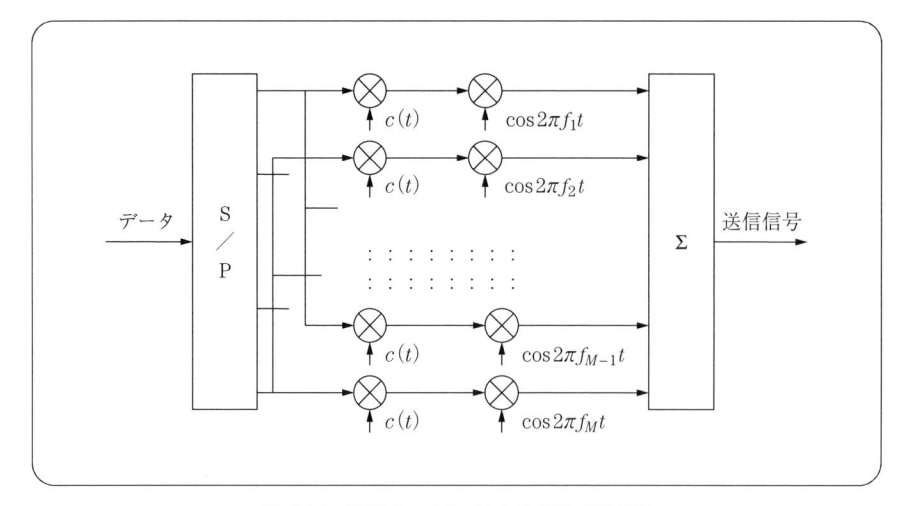

図 5.14 S/P とコピーによる MC-DS-SS

ちの一つのデータを三つの周波数に対応させる．この操作を同じデータを三つの周波数にコピーすると呼ぶ．しかも，できるだけ周波数を分散させて，周波数ダイバーシチ効果を高めるのである．

　（3）　**誤り訂正符号を利用**　　データに誤り訂正符号と時間インタリーブを挿入すると，一般の単一搬送波変調では，時間ダイバーシチ効果をドップラー周波数が高ければ高いほど期待できる．すなわち，受信電力が落ち込んで誤りになったシンボルを，落ち込まないシンボルで訂正できるからである．ここでは，更に直列から周波数の並列伝送になることで，周波数ダイバーシチ効果が期待できる．すなわち，周波数選択性フェージングで落ち込んだ周波数のシンボルを，落ち込まない周波数のシンボルで訂正でき，この効果は大きい．

　〔2〕**MC-SS**　　MC-SS は，いままでの MC-DS-SS も含めて SS が時間領域の拡散符号を用いているのに対して，周波数領域の拡散符号を利用している．**図 5.15** に，その構成を示す．図 5.13 や 5.14 の構成と異なるのは，$c(t)$ の時間領域の拡散符号ではなく，係数 $c_1, c_2, \cdots, c_N$ のように，周波数領域の拡散符号になっている．

　この係数の個数，すなわち搬送波周波数の個数 N は，まずは MC-DS-SS と同じ M の数はほしい．周波数選択性フェージングに備えるためである．それと，CDMA に利用する場合は，多元接続数のためにも数を考える．多元接続数が多ければ多くなる．CDMA のための拡散符号には WH（Walsh Hadamard）系列などの直交系列が利用される．特にセルラー移動通信の下り回線では，基地局から移動局に直交系列を複数利用して多元接続される．複数の移動局に対して，基地局は複数の直交系列を同期させながら伝送できる．一つの基地局から複数の拡散符号を送信できるからである．しかしながら，移動局から基地局へは個々の移動局から送信される拡散符号の正確な同期は困難である．移動局は複数あって地理

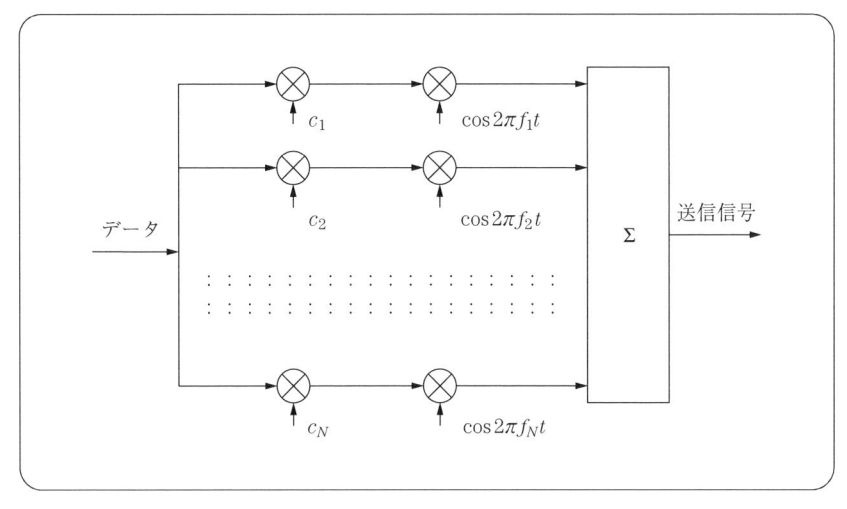

図 5.15 MC-SS の構成図

的に離れているからである．MC-SS は同期の可能なくだり回線で優れた特性を示すが，のぼり回線には移動局どうしを同期させないと利用できない．DS-SS や MC-DS-SS ではこのような問題は少ない．むろん，同期したほうが，特性を良好にできるが，非同期でも特性が大きく落ち込むことはない．しかし，MC-SS は大きく劣化する．

〔3〕 **非線形増幅**　複数の搬送波の SS は MC-DS-SS，MC-SS にせよ，単一搬送波にはない優れた特性を持つが弱点もある．それは移動通信，特に携帯機に利用される最終段の電力増幅器の電力効率（高周波電力/直流電力）を高めるために非線形増幅器が利用されるが，複数の搬送波間の干渉が生じて誤りが起きる．基地局では線形性の良い増幅器を用いることができるが，携帯機では電力効率の悪いものは用いられず，そのためにくだり回線には複数搬送波，のぼり回線には単一搬送波の変調を用いるようなことも考えられる．

5.3 セルラー移動通信におけるCDMA

　ここまでは，利用を限定せずに，議論を進めるために，CDMA というよりは SS として CDMA を扱ってきた．CDMA の最も大きな利用はなんといっても，セルラーにおいてであり，他の FDMA や TDMA よりも回線のキャパシティが大きく，マルチパスフェージングに強いなどの特性が好まれるのである．

78　5.　CDMA

　CDMA 回線（のぼり回線）を**図 5.16** に示す．図では拡散符号 #1 から #n が割り振られた移動局の変調器があり，一つの移動局には一つの拡散符号が割り振られ，アンテナが装備される．アンテナから放射された信号は他の CDMA の信号と混ざりながら，基地局のアンテナまで届き，#1 の信号は #1 の拡散符号によって復調され，他の信号も同様に復調される．

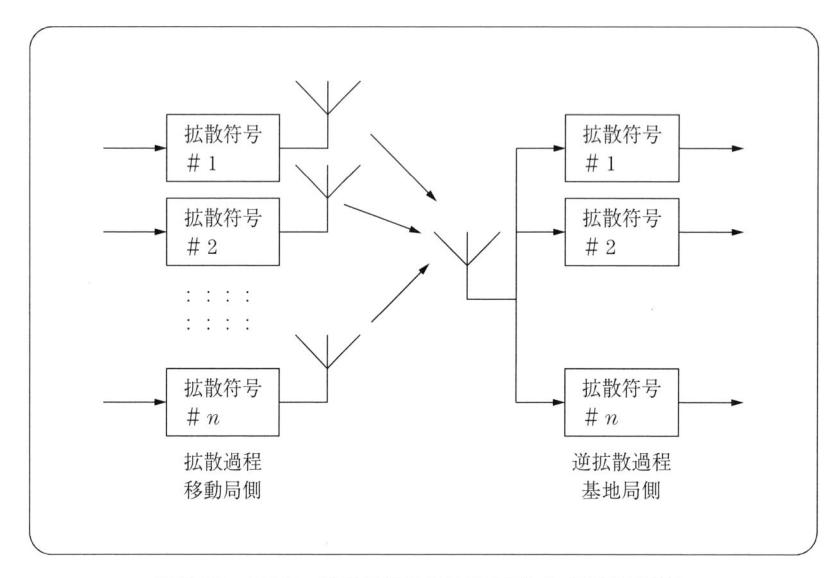

図 5.16　セルラー移動通信における CDMA（のぼり回線）

5.3.1　のぼり回線の構造

　セルラーにおける CDMA ののぼり回線は，一般的には拡散符号のチップレベルでの同期が困難な場合が多い．そのために，拡散符号間は非同期になり，直交にならないために，互いに干渉が生じる．ここでの解析は，そうした干渉を入れての多元接続数解析であり，おおざっぱなものであるが，簡単なのでよく利用されている．

　図 5.17 は，#1 の信号を他の信号の中から取り出す場合の周波数スペクトル図である．逆拡散過程によって #1 の信号のみが狭い周波数帯域 R の信号になり，他の符号のものは W のままであるが，干渉となっている様子がわかる．個々の受信信号は同じ S という受信電力を持つと仮定する．R の帯域の希望信号は，この帯域の帯域フィルタによって他の信号と分離されるが，干渉成分 I が残る．全体の信号数を N_u とすると，干渉になるのは N_u-1 個の信号であり，その干渉成分は R の中に含まれるので，干渉電力 I は次式となる．

5.3 セルラー移動通信における CDMA

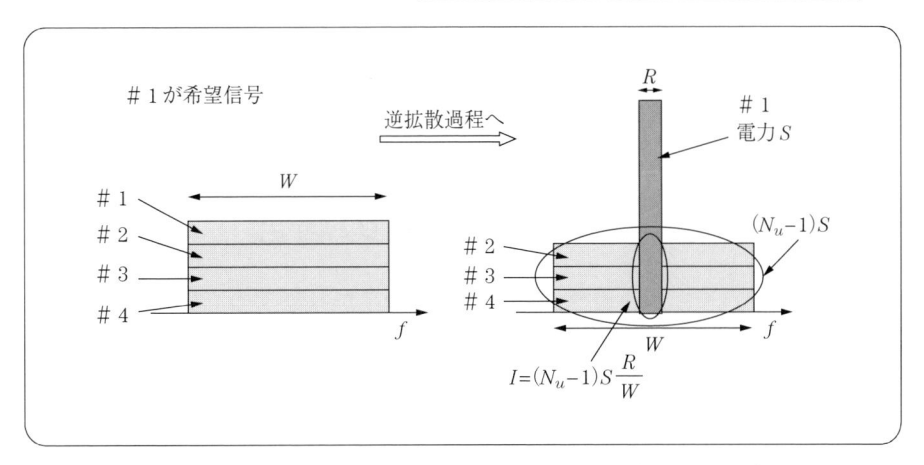

図5.17 複数の CDMA 多元接続信号から一つの信号 #1 を取り出す図

$$I = (N_u-1)S\frac{R}{W}$$

逆拡散過程後の #1 の信号の E_b/N_0 は，#1 が S という電力をもち，干渉が I という電力を持つことから，次式のようになる．

$$\frac{E_b}{N_0} = \frac{S}{(N_u-1)S\frac{R}{W}} = \frac{W}{R(N_u-1)} \tag{5.11}$$

ただし，熱雑音による項は省略しているので N_0 は他ユーザからの干渉を白色雑音として考え，その電力密度になる．この式から，通信品質を決める E_b/N_0 をパラメータとして，全体の多元接続数 N_u を決めることもできる．すなわち

$$N_u = \frac{\frac{W}{R}}{\frac{E_b}{N_0}} + 1 \tag{5.12}$$

である．通信品質を高くすれば多元接続数が少なくなり，低くすれば接続数が多くなる．

例題 5.1 通信品質を $E_b/N_0 = 3.16$ (5 dB)，$W = 5\,\text{MHz}$，$R = 10\,\text{kHz}$ として，多元接続数を求めよ．

解答 式(5.12)に代入すると次の値を得る．

$$N_u = \frac{\frac{5\,000}{10}}{3.16} + 1 \approx 159$$

♠

例題 5.2 FDMA として伝送した場合に，例題 5.1 と同じ条件で，多元接続数を求めよ．ただし，隣接する信号間のガードバンドを 10 kHz とするので，搬送波周波数間隔は 20 kHz になる．

解答 5 000 kHz を 20 kHz ごとに利用するので，多元接続数は

$$N_u = \frac{5\,000}{20} = 250$$

となり，250 接続が可能になる．FDMA が CDMA よりも効率がよいことがわかる． ♠

5.3.2 マルチセル構成の場合

FDMA のような古くからある多元接続方式の効率が良好であったとは，何のための CDMA かと悩んでしまう読者もいるかもしれない．事実，CDMA は以上の例題のように効率の悪い方式として，80 年代まで扱われることも多かった．セルを単独のセルとして扱うと，確かに効率が悪い．それは，先の解析でもいったように，CDMA ののぼり回線が干渉を許しながらシステムを構成しているからである．タクシ無線などは単独のセルを用いて，他のセルにハンドオフをしない構造もあるが，一般のセルラー移動通信ではセルとセルが隣接するマルチセル構造が一般的である．

〔1〕 **周波数再利用率**[8]　　図 5.18 に隣接セルと対象セルの関係を示す．隣接セルの移動局（MS）は本来それぞれのセルの基地局（BS）に電波を送ればよいが，MS のアンテナは 360°周囲に電波を放射するために，対象のセルの BS に干渉する．FDMA は干渉に弱いためにこうした隣接セルからの干渉を嫌い，対象セルと同じ周波数を用いることができない．六角形の形でセルを考えた場合には，周囲 6 セル，対象 1 セル，合計 7 セルが異なる周波数を用いることになり[†]，マルチセルでの FDMA の効率が低下する．

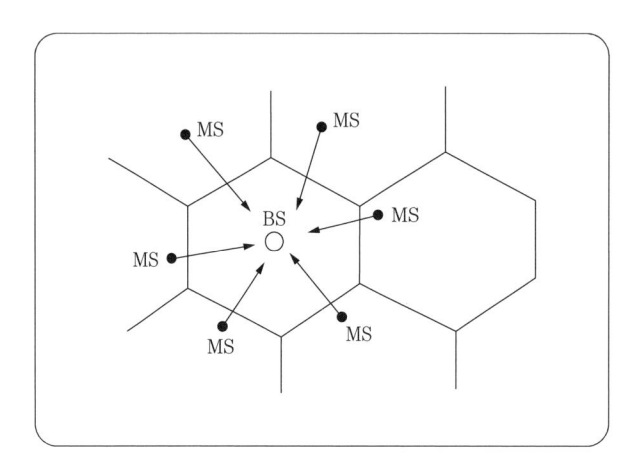

図 5.18　隣接セルの移動局からの干渉

一方，CDMA は干渉に強い性質のために，隣接セルで同一周波数の利用が可能になる．マルチセルについては F（周波数再利用率）を用いて表すと，FDMA では 7 セル繰返しの場合に 1/7 が与えられる．干渉を避けるために 7 セルが異なる周波数を利用しなければなら

[†] 米国標準 AMPS のような場合

ないからである．CDMAについては同一周波数を利用できるが，干渉も増加するので，1 とはならず，0.6の値が利用される．この F を用いると式(5.12)は次式のようになる．

$$N_u = F \frac{\frac{W}{R}}{\frac{E_b}{N_0}} + 1 \tag{5.13}$$

〔2〕 **ボイスアクチベーション** 音声会話においては，一方の人間が話すと，他方は聞くことになり，回線が常時音声で占有されることはない．統計的には3/8が有音で，残りが無音であるといわれる．ボイスアクチベーション（voice activation：音声駆動）係数は $\alpha = 3/8$ となる．CDMAでは，有音時に送信し，無音時には送信しないボイスコントロールが有効である．無音時に送信しないことによって干渉量は減って，多元接続数は増加する．

〔3〕 **セクタ化** 基地局のアンテナの指向性を利用して，複数の部分に分ける方法をセクタと呼ぶ．**図 5.19** にその概略を示す．黒丸は移動局，白丸が基地局であり，ここでは6セクタが描かれている．セクタによって，アンテナで受信する範囲は1/6になり，CDMAでは干渉も1/6に減る．セクタ化のファクタはこの場合 $\beta = 6$ となる．

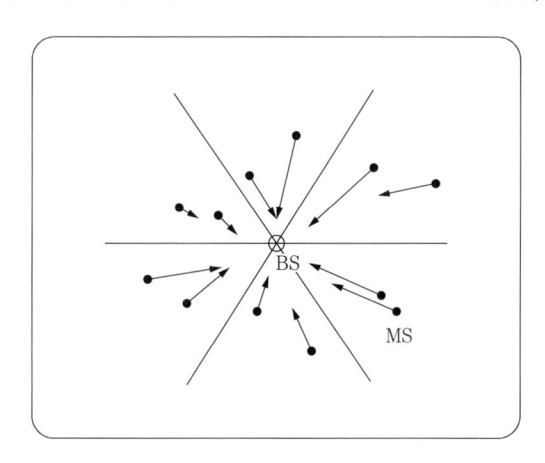

図 5.19 セルのセクタ化

以上の F, α, β を用いると，CDMAの1セル当りの多元接続数（容量）は次式になる．

$$N_u = F \frac{\beta}{\alpha} \frac{\frac{W}{R}}{\frac{E_b}{N_0}} + 1 \tag{5.14}$$

例題 5.3 データレート $R = 8$ Kbps，周波数帯域 $W = 1.25$ MHz，$E_b/N_0 = 5$ (7 dB)，$\alpha = 3/8$，$\beta = 3$（3セクタ），$F = 0.6$ として1セルの多元接続数を求めよ．

解答

$$N_u = F \frac{\alpha}{\beta} \frac{\frac{W}{R}}{\frac{E_b}{N_0}} + 1 = 0.6 \frac{3}{\frac{3}{8}} \frac{\frac{1\,250}{8}}{5} + 1 = 151$$

♠

例題 5.4 米国標準の AMPS は FDMA 方式であり，30 kHz ごとに搬送波を配置する．同じ周波数帯域での1セルの多元接続数を求めよ．

解答 1セルで1 250 kHzの1/7しか利用できないので，利用できる周波数は178 kHzであり，それを30 kHzで割れば約8となる． ♠

例題にあるように，CDMA では 151 の接続数なのに，FDMA では 8 と大幅に CDMA が有利である．FDMA は干渉に弱いためにどうしても安全サイドで設計しなければならないことが接続数で不利に働く．

5.3.3 くだり回線の構造

のぼり回線では，一般にチップレベルでの同期が困難になる．そのために，ユーザ間干渉（多元接続のために生じる干渉）が生じる．一方，くだり回線では，複数のユーザへの信号を同一の場所から送信するので，同期が可能であり，ユーザ間の拡散符号の直交性を利用して干渉を減らすことができる．

直交符号としては，WH符号が利用される．WH行列は次の法則で示される．

$$H_1=0, \quad H_2=\begin{bmatrix} 0 & 0 \\ 0 & 1 \end{bmatrix}, \quad H_4=\begin{bmatrix} H_2 & H_2 \\ H_2 & \bar{H_2} \end{bmatrix}, \quad H_{2N}=\begin{bmatrix} H_2 & H_2 \\ H_2 & \bar{H_2} \end{bmatrix} \tag{5.15}$$

この行列の要素において1を1に，0を-1にすることで，この行列の行または列どうしは互いに直交していることがわかる．H_4 を例にしてみてみよう．

$$H_4=\begin{bmatrix} 0 & 0 & 0 & 0 \\ 0 & 1 & 0 & 1 \\ 0 & 0 & 1 & 1 \\ 0 & 1 & 1 & 0 \end{bmatrix}$$ であり，これを $$\begin{bmatrix} -1 & -1 & -1 & -1 \\ -1 & 1 & -1 & 1 \\ -1 & -1 & 1 & 1 \\ -1 & 1 & 1 & -1 \end{bmatrix}$$ に変換し

$W_1=[-1 \quad -1 \quad -1 \quad -1]$

$W_2=[-1 \quad 1 \quad -1 \quad 1]$

$W_3=[-1 \quad -1 \quad 1 \quad 1]$

$W_4=[-1 \quad 1 \quad 1 \quad -1]$

$W_i W_j^T=0 \ (i \neq j), \quad W_i W_j^T=4 \ (i=j)$

であり，直交していることがわかる．異なる i の W_i を各ユーザに割り振ると，くだり回線の多元接続が直交しながら可能になる．実際のセルラー移動通信では，H_{64} が IS-95（第二世代移動通信における CDMA 方式）で利用されている．直交の状態とは干渉なしの状態なので理想的であるが，実際には，同一セル内でユーザ間が直交していても隣接セルからの干渉があること，ユーザ間の直交性も伝搬路に生じるマルチパスによって崩れてくるので，干

渉が生じるのである．

　WH符号は限定された個数しか作れない符号であり，一つのセルの中でのユーザの多元接続に利用できるが，他の隣接セルでも同じものを用いるので，隣接セルとの識別と干渉の抑制のために，PN符号（擬似雑音符号）の長周期符号も用いられる．

本章のまとめ

❶ **軍用通信**　軍事行動のために利用される通信であり，次の三つの特性が必要である．すなわち，敵に覚られないように（秘匿性），妨害に強く（耐ジャミング特性），暗号化され（秘話性）ていることである．軍用無線通信にはスペクトル拡散通信が古くから利用されている．

❷ **直接拡散（DS）変調**　狭帯域変調をPSKで拡散したスペクトル拡散変調

❸ **周波数ホッピング（FH）変調**　狭帯域変調を搬送波の周波数をホッピングさせることで拡散したスペクトル拡散変調

❹ **遠近問題**　干渉があってもスペクトル拡散信号は拡散利得をもつので，干渉の影響を少なくできるが，送信機よりも受信機近傍に干渉があるような場合には拡散利得が十分とはいえず，干渉信号の影響を受けることをいう．一般に，DSは遠近問題に弱く，FHは強い．

❺ **逆拡散過程**　送信機では，狭帯域信号を拡散符号で拡散し電波で送り，受信機では同じ拡散符号によって再び狭帯域信号にすることをいう．

❻ **拡散利得**　無線帯域と元の情報帯域の比をいう．BPSKを用いた直接拡散変調の場合は，データのビット長と拡散符号のチップ長の比である．これが大きいほど，干渉に耐える能力が高くなる．

❼ **rake合成**　マルチパス伝送路を通過したスペクトル拡散された信号は，逆拡散過程のあとにパスが分離できる．パスの中で最大なものを選びデータを復調することを，選択合成パスダイバーシチと呼ぶ．複数のパスの強度に比例した重みをかけ位相をそろえて和をとり復調することを最大比合成パスダイバーシチと呼び，CDMAではrake合成とも呼ぶ．

❽ **複数搬送波拡散変調**　拡散利得を上げていくと，マルチパスの分離能力を増やすことができるが，必ずしも比例的にはならない．その理由は，実際の拡散符号の自己相関関数が直交しないためであり，パスとパスの間に干渉がでるためである．拡散利得が低ければパスの数が少なく，こうしたことは問題にならないが，帯域を広げるにつれて問題は悪化する．こうしたものを改善する方法として複数の搬送波に

よる拡散変調がある．MC-DS-CDMA や MC-CDMA が知られている．

❾ **周波数再利用率**　セルラー通信において，複数のセル構造のとき，これらの複数セルでの周波数の利用方法を示すパラメータの一つである．CDMA においては拡散符号による干渉抑制能力に頼るため，同一の周波数をすべてのセルで利用するので，再利用率は 1 となる．実際には理想的な干渉除去能力はないので，1 よりいくぶん低い値になる．FDMA は干渉に弱いので，再利用率を 1/7 とか 1/3 とかの値にする．すなわち，7 セルの群は異なる周波数を利用し，その次の 7 セルの群は前の群と同じ周波数を繰り返す．同様に 3 セルの群はという具合である．こうして，隣接セルに同じ周波数を割り当てないように配置し，周波数を繰り返し利用する．

❿ **ボイスアクチベーションファクタ**　人間の音声は常時聞こえているわけでない．休止状態がある．特に会話時には相手の声を聞く瞬間にだまっている．通話時間の中で音声が聞こえる時間割合をボイスアクチベーションファクタと呼ぶ．CDMA においては多元接続ユーザ間の干渉を低くすれば，多元接続数を大きくできるので，音声があるときのみ送信し，そうでなければ送信しないという制御がなされている．

⓫ **セクタ化**　基地局のアンテナに指向性をもたせ，複数のアンテナを用いると，セルをいくつかのセクタに分けることができる（セクタ化）．例えば，120°の指向性をもつアンテナを 3 個設置すれば，3 セクタで 360°をカバーする．

⓬ **WH 符号**　CDMA のくだり回線（基地局からモバイルユーザ局）に利用される直交符号である．互いのユーザ間の干渉をこの直交符号で防ぐことができる．

―――●理解度の確認●―――

問 5.1　軍用通信に CDMA の原型であるスペクトル拡散通信が利用されている．その理由を述べよ．

問 5.2　直接拡散変調における拡散利得の定義を述べよ．また，これが大きいとどのような特性を得られるか．

問 5.3　受信機の逆拡散過程前で SI 比が $-10\,\mathrm{dB}$，拡散利得は $20\,\mathrm{dB}$ であれば，逆拡散後の SI 比は何 dB か答えよ．

問 5.4　複数搬送波拡散変調は単数搬送波拡散変調のどのような欠点を克服するために考えられたか答えよ．

6 OFDM

　無線通信の回線は複雑であり，単一の搬送波を広帯域に変調し，高速な伝送をしようとすると，ひずみが大きくなり，これを補償しきれなくなる．そこで，送信側で複数の搬送波を用いて変調し高速な伝送を効率良くしようというのが，直交周波数分割多重（OFDM）である．OFDM では，高速のデータ列を直並列変換し，多数の搬送波を用いて低速並列伝送する．各搬送波は低速であるため，OFDM のシンボル長は長くなり，遅延スプレッドの影響が小さくなる．また，遅延波が十分に吸収されるような長さのガードインタバル（guard interval）を各 OFDM シンボルに挿入することにより，符号間干渉（inter-symbol interference：ISI）の影響を軽減する．この際，搬送波間の直交性を保つために，ガードインタバルに，OFDM シンボルの一部をコピーする巡回拡張（cyclic extension）と呼ばれる処理をする．これによって遅延波が存在するマルチパス環境下でも，遅延波の影響を除去し，搬送波間の直交性を保つことができる．これらの特徴は，放送や移動体通信，無線 LAN などが用いられるマルチパス環境に適している．また，高速データ伝送に適しているため，地上波ディジタルテレビジョン放送や高速無線 LAN などで用いられている．更に，次世代移動体通信のアクセス方式として OFDM を用いた方式が検討されており，有力な候補となっている．

　本章では，OFDM の基本原理を説明したあと，その応用例を述べる．

6.1 OFDM 変調方式の基礎

OFDM はその名前のとおり，多数の直交する搬送波を変調し多重化する技術であり，マルチキャリヤ変調方式の一つである．N 本の搬送波から成るベースバンド OFDM 信号 $s_B(t)$ は，次式のように表される．

$$s_B(t) = \sum_{n=0}^{N-1} d_n \exp(j2\pi n f_0 t) \tag{6.1}$$

ここで，d_n は n 番目搬送波の変調シンボルである．また，f_0 は隣接する搬送波の間隔に等しく，OFDM シンボル長を T とすると，$f_0 = 1/T$ で表される．図 6.1 にベースバンド

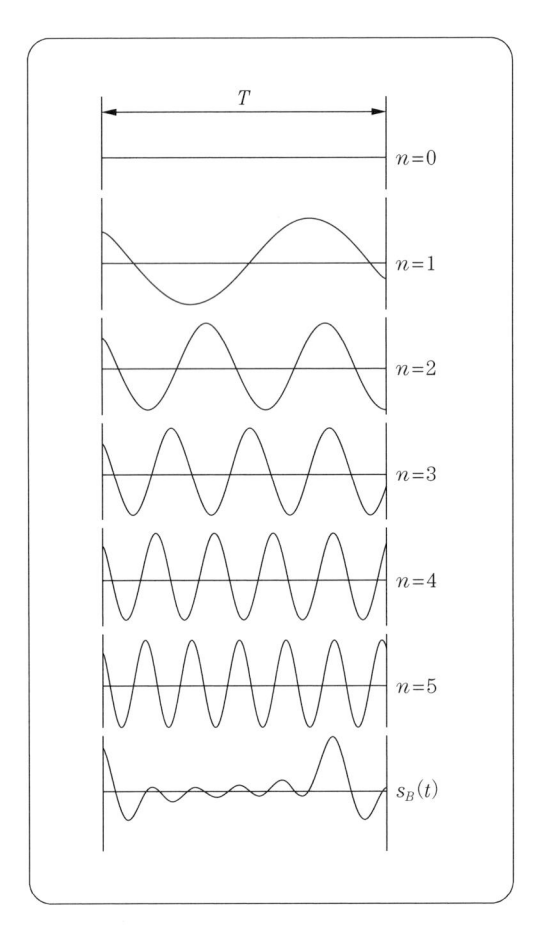

図 6.1　OFDM 信号

OFDM信号が生成される様子を示す．図からわかるように，各直交搬送波を多重してできるベースバンドOFDM信号は，振幅が不規則に変動する雑音のような信号になる．搬送波数 N が大きいとき，OFDM信号の複素振幅は，実部，虚部それぞれ独立した正規分布に従い，したがって包絡線振幅はレイリー分布に従う．

式(6.1)の $s_B(t)$ を，標本化周期 $1/(Nf_0)$ で標本化した振幅標本の時系列を考える．1 OFDMシンボルに対する振幅標本の時系列は，次式のように表される．

$$s_B\left(\frac{k}{Nf_0}\right) = \sum_{n=0}^{N-1} d_n \exp\left(j2\pi nf_0\frac{k}{Nf_0}\right) = \sum_{n=0}^{N-1} d_n \exp\left(j\frac{2\pi nk}{N}\right)$$
$$= \sum_{n=0}^{N-1} d_n \left[\exp\left(j\frac{2\pi}{N}\right)\right]^{nk}, \quad (k=0,1,2,\cdots,N-1) \tag{6.2}$$

式(6.2)から明らかなように，$s_B(t)$ の N 個の振幅標本の時系列は，N 個の複素データシンボル d_n の逆離散フーリエ変換（inverse discrete Fourier transform：IDFT）に等価である．したがって，d_n を逆離散フーリエ変換することによって得られる系列をD-A変換し，エイリアス成分を取り除くために低域フィルタ（LPF）を通すことによって $s_B(t)$ を生成する．生成したベースバンドOFDM信号を搬送波帯域信号に変換（up-conversion）し送信する．

$$s(t) = \sum_{n=0}^{N-1} d_n \exp[j2\pi(f_c + nf_0)t] \tag{6.3}$$

ここで，f_c は最も周波数が低い搬送波の周波数である．

図6.2に，逆離散フーリエ変換を用いたOFDM変調器の基本構成を示す．送信シンボル系列は，直並列変換されたのち，逆離散フーリエ変換によりOFDMシンボルの標本値に変換される．得られた標本値は，並直列変換ののち，連続信号に変換され，搬送波が掛け合わされ，搬送波帯域信号が生成される．この搬送波帯域信号を帯域フィルタ（BPF）に通し，帯域外輻射成分を除去したのち，伝送路に送信する．

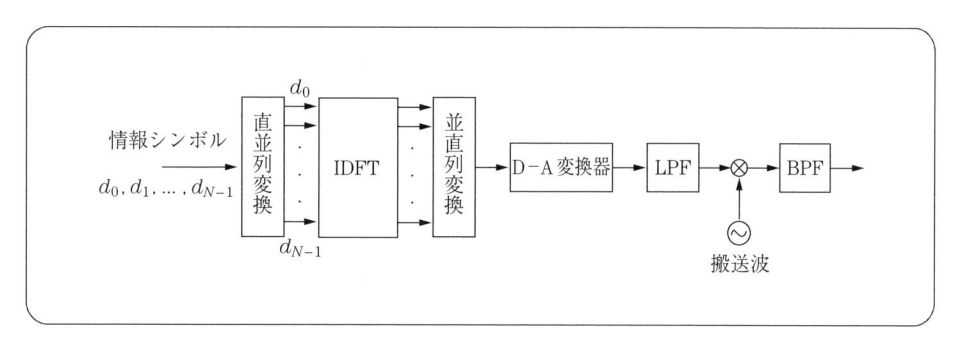

図6.2 OFDM変調器

図6.3にOFDM信号の電力スペクトルを示す．一般のマルチキャリヤ変調方式と異なり，OFDMでは各搬送波はそれぞれ直交している．そのため，搬送波間のガードバンドが

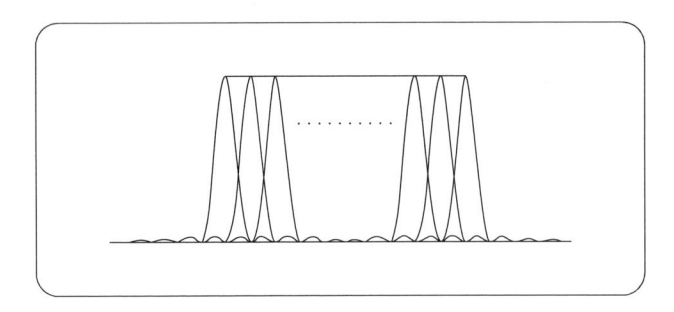

図 6.3 OFDM 信号の電力スペクトル

不要となり，周波数利用効率が高くなる．OFDM 信号の電力スペクトルは，各搬送波の電力スペクトルを重ね合わせた形になり，方形に近い形となる．このことからも OFDM は周波数利用効率が高いことがわかる．このように OFDM では，各搬送波のスペクトルが重なり合っており，帯域フィルタ（BPF）を用いても，各搬送波のデータシンボルを個別に取り出せない．しかし，搬送波間の直交性を利用することにより，各搬送波のデータシンボルを取り出せる．ここで，直交とは乗算して 1 周期分積分したとき 0 になることをいう．

次に，OFDM 信号の復調について考える．受信機では，受信信号を帯域フィルタ（BPF）に通したのち，再生搬送波を掛け合わせ低域フィルタ（LPF）に通すことにより，受信信号をベースバンド信号に変換したのち復調を行う．これは，搬送波帯域信号を直接に処理すると，ハードウェアへの負担が大きいからである．ベースバンド OFDM 信号に対し，各搬送波で同期検波することにより，各搬送波のデータを取り出す，すなわち復調する．実際のシステムでは，変調と同様に，離散フーリエ変換（discrete Fourier transform：DFT）を用いて復調する．$s_B(t)$ を標本化周期 $1/(Nf_0)$ で標本化した N 個の振幅標本の時系列は，式(6.3)に示すように，N 個のデータシンボル d_n の逆離散フーリエ変換に等価である．したがって，$s_B(k/(Nf_0))$ を式(6.4)のように DFT によってシンボルを復調する．

$$d_l = \frac{1}{N}\sum_{k=0}^{N-1} s_B\left(\frac{k}{Nf_0}\right)\exp\left(-j\frac{2\pi kl}{N}\right), \quad (l=0,1,2,\cdots,N-1) \tag{6.4}$$

このように，DFT を用いると，OFDM 信号を一括して復調することができる．図 6.4 に

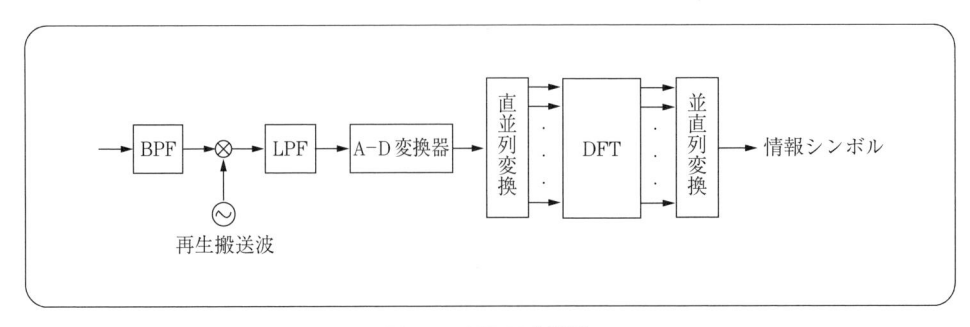

図 6.4 OFDM 復調器

DFT を用いた OFDM 復調器のブロック図を示す．

6.2 ガードインタバルと巡回拡張

　OFDM の大きな利点の一つは，マルチパス環境下における遅延波の影響を，簡単な処理で軽減できることである．前に述べたように，OFDM では，高速のデータ列を直並列変換し，多数の搬送波を用いて低速並列伝送する．各搬送波は低速であるため，OFDM のシンボル長は長くなり，遅延スプレッドの影響が小さくなる．また，遅延波が十分に吸収されるような長さのガードインタバルを各 OFDM シンボルに挿入することにより，符号間干渉の影響を軽減する．この際，ガードインタバルに何も信号を送信しないとすると，搬送波間の直交性が崩れ，キャリヤ間干渉（inter-carrier interference：ICI）が発生し，特性は大きく劣化する．例えば，無信号のガードインタバルを OFDM シンボルに挿入した場合，i 番目の搬送波と j 番目の搬送波の遅延波はもはや直交しない．搬送波間の直交性を保つために，ガードインタバルに OFDM シンボルの一部をコピーする巡回拡張（cyclic extension）と呼ばれる処理をする．この様子を図 6.5 に示す．ガードインタバルを挿入しない場合の OFDM シンボル長 $1/f_0$ の一部 T_g を，ガードインタバルにコピーする．この処理により，各搬送波は $T_g + 1/f_0$ の区間で連続した正弦波になる．復調の際に，振幅標本を切り出す範囲 $1/f_0$ がこの区間に含まれていれば，位相オフセットは生じるものの，搬送波間の直交性は維持される．

　以上の処理によって，遅延波が存在するマルチパス環境下でも，図 6.6 に示すように，

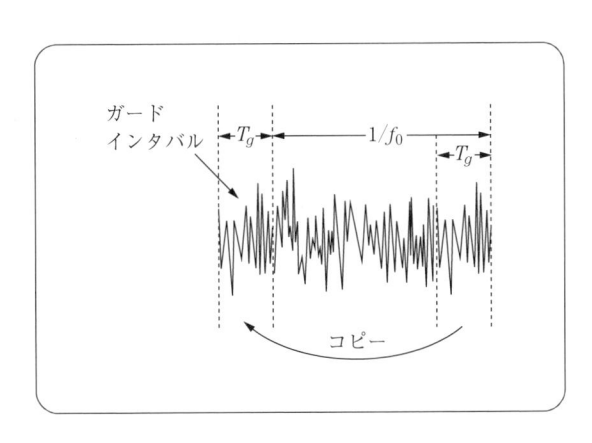

図 6.5　ガードインタバル及び巡回拡張

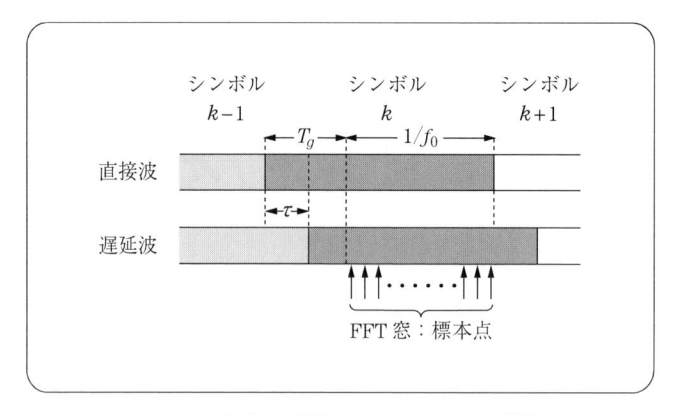

図 6.6 OFDM 信号へのマルチパスの影響

OFDM は遅延波の影響を除去し，搬送波間の直交性を保つことができる．これらの特徴は，放送や移動体通信，無線 LAN などが用いられるマルチパス環境に適している．ガードインタバルを挿入した場合，OFDM シンボル長が $1+f_0 T_g$ 倍になり，伝送レートが $1/(1+f_0 T_g)$ 倍に低下してしまう．また，電力効率も低下する．しかし，実際に用いられているシステムでの OFDM のシンボル長は非常に長いため，ガードインタバルの挿入による伝送レートと電力効率の低下は大きくない．実際のシステム例では，ガードインタバル長をシンボル長の 20% 以下に設定することが多く，この場合，信号対雑音電力比（SN 比）の損失は 1 dB 以下となる．また，多少の伝送レートや電力効率の低下を考慮しても，一般にシングルキャリヤ方式で必要となる等化器を用いずに遅延波の影響を除去できるため，受信機の複雑さの点で大きな利点となる．伝送効率を改善するには，搬送波数を増やし，搬送波間隔を狭くすればよい．そうすると OFDM シンボル長が長くなり，同じ長さのガードインタバルを挿入した場合の伝送効率の低下が小さくなる．しかし，搬送波数を増やすと，回路規模が大きくなり，また搬送波間隔が狭くなるため，搬送波周波数オフセットの影響が大きくなる．すなわち搬送波間の直交性が崩れやすくなるなどの問題が生じる．

例題 6.1 帯域幅が 20 MHz の OFDM システムがある．このシステムを遅延スプレッドが 2 μs の環境で運用する．各サブチャネルで受けるフェージングが，ほぼフラットフェージングであるとみなせるには，サブチャネル数（サブキャリヤ数）はいくつ必要か求めよ．

解答 rms 遅延スプレッドが σ_rms の通信路のコヒーレンス帯域幅 B_c について考える．リー（Lee）によれば，$B_c \approx 0.02/\sigma_\text{rms}$ の場合，B_c にわたる周波数相関は 0.9 以上となる．また，$B_c \approx 0.2/\sigma_\text{rms}$ の場合，B_c にわたる周波数相関は 0.5 以上となる．いま，コヒーレンス帯域幅として，周波数相関が 0.5 以上となる帯域幅とすると，$B_c \approx 0.2/2\,\mu\text{s} = 100\,\text{kHz}$ である．よって帯域幅 $B = 20$ MHz をコヒーレンス帯域幅 $B_c = 100$ kHz で割ると，搬送波数 N は $N = B/B_c = 200$ となる．DFT や IDFT での実装を考えた場合，N は 2 のべき乗であ

例題 6.2 次の諸元を満たすような OFDM を設計せよ．

ビットレート：20 Mbps，許容遅延スプレッド：200 ns，帯域幅：<15 MHz

解答 許容遅延スプレッドが 200 ns であるとき，ガードインタバル長として 800 ns 程度を設ける必要がある．ガードインタバル長を OFDM シンボル長の 20％と設定すると，有効 OFDM シンボル長は 800 ns÷0.2＝4 μs となる．このとき，ガードインタバルの挿入による SN 比の損失は，1 dB 以下となる．有効 OFDM シンボル長 4 μs に対する搬送波の間隔は 1/(4 μs)＝250 kHz である．1 OFDM シンボル当りのビット数は，ビットレートが 20 Mbps，OFDM シンボル長が 4 μs＋0.8 μs＝4.8 μs であることを考えると，20 Mbps×4.8 μs＝96 bit となる．帯域幅の上限が 15 MHz であるので，搬送波間隔 250 kHz に対する許容搬送波数は 15 MHz/250 kHz＝60 以下である．したがって，1 搬送波当り，96/60＝1.6 bit 以上を伝送する必要がある．この値と，所要伝送品質から，各搬送波で用いるべき変調方式と誤り訂正符号（符号化率）が決まる．例えば，各搬送波の変調方式として 16 QAM，符号化率 1/2 の誤り訂正符号を用いれば，1 搬送波当りの伝送レートは，$\log_2 16 \times 1/2 = 2$ bit となり，上記の条件を満足する．ただし，実際には DFT/IDFT 区間中の標本数は整数である必要があるため，その条件を満たすよう各パラメータを調節する． ♠

6.3 ピーク対平均電力比

ピーク対平均電力比（peak-to-average power ratio：PAPR，PAR）は，通信システムにとって重要な属性である．PAPR は次式で表される．

$$\mathrm{PAPR} = \frac{\max_t |s(t)|^2}{E_t[|s(t)|^2]} \tag{6.5}$$

通信システムでは，信号を生成し送信する際，信号を電力増幅器により増幅する．PAPR が低ければ，増幅器で必要となるバックオフが小さくなるため電力効率が高くなる．OFDM のように，複数の搬送波を用いる変調方式では，PAPR が非常に大きくなるという問題がある．PAPR が大きな信号を電力増幅器に通し，非線形領域で動作させる場合，OFDM 信号が非線形性の影響によりひずみ，また電力効率が低くなるのに加えて，OFDM 信号の帯域外への輻射が生じ，隣接チャネルや他の通信システムに影響を与えてしまう．そ

のため，PAPR を低減する種々の方法が提案されている．

- OFDM 信号のピークが低くなるように，ある値以上の振幅をクリップする（切り取る）．クリップにより生じる帯域外放射成分をフィルタにより除去する．クリッピングフィルタリングなどと呼ばれる．
- 電力増幅器で生じるひずみに対して，逆のひずみを増幅器入力前に信号に加え，増幅器出力信号に生じるひずみを打ち消す．プレディストータ法と呼ばれる．
- OFDM 信号のピークが低くなるように，各搬送波に位相回転を与える．位相回転は系列としてとらえられる．さまざまな系列が検討されている．
- OFDM 信号のピークが低くなるように信号を付加する．また，搬送波の一部を，データ伝送にではなく，ピーク低減のために用いる手法もある．

6.4 OFDM の応用例

先に述べたように，OFDM は周波数選択性のフェージングに強く，周波数利用効率も高いことから，地上ディジタルテレビジョン放送や，2.4 GHz や 5.2 GHz 帯の無線 LAN システムなどで用いられている．OFDM を用いたシステムで最初に標準化されたシステムは，欧州で開始されたディジタルラジオ放送（digital audio broadcasting：DAB）である．本節では，ディジタルラジオ放送，地上ディジタルテレビジョン放送，OFDM を用いた無線 LAN システム，OFDM をアクセス方式に用いた OFDMA などについて説明する．

6.4.1 ディジタルラジオ放送

ディジタルラジオ放送（DAB）は，1995 年に欧州電気通信標準化機構で標準化されたディジタル音声放送である．現行の AM/FM 放送に比べ，音質向上，文字などの多重放送化，多チャネル化，データ放送受信などを実現できる．そのため，欧州以外でも現在広く用いられている．DAB は OFDM を採用している．OFDM 信号の帯域幅は 1.536 MHz で，その帯域で放送番組とデータを送信する．DAB には四つの伝送モードが設定されており，用途に応じて 30 MHz から 3 GHz までの伝送周波数に対応することができる．

6.4.2 地上ディジタルテレビジョン放送

現在,日本や欧州各国で地上ディジタルテレビジョン放送がサービスされている.欧州の地上ディジタルテレビジョン放送方式では,DVB-T (digital video broadcasting-terrestrial) と呼ばれる規格が採用されている.DVB-T は,DAB を基本として拡張した規格で,OFDM を採用している.DVB-T は,搬送波数と帯域幅が異なる二つの伝送モードを持つ.搬送波数が 1 705 のモードを 2 K,6 817 のモードを 8 K と呼ぶ.

日本の地上波ディジタルテレビジョン放送方式は,ISDB-T (integrated services digital broadcasting-terrestrial) と呼ばれ,DVB-T と同様に,OFDM を採用した方式である.

ISDB-T と DVB-T の大きな違いの一つは,ISDB-T は,伝送帯域を 13 個のセグメントに分割し,それらを組み合わせて種々のサービスを実現する階層伝送方式である点である.各階層は,一つまたは複数のセグメントから成る.階層伝送では,階層ごとにキャリヤ変調方式,誤り訂正符号の符号化率,時間インタリーブ長などを指定し,それら伝送特性の異なる複数の階層を同時に伝送する.このため,日本の地上波ディジタルテレビジョン放送方式は,BST-OFDM (band segmented OFDM) と呼ばれる.ISDB-T では,最大 3 階層が設定されており,DVB-T と異なり,階層伝送を採用し,階層ごとに各伝送パラメータを設定することができるので,移動受信が可能である.例えば,13 セグメントすべてを用いて HDTV (high definition television) が可能である.また,三つの組に分割して SDTV (standard definition television) を 3 プログラム同時に伝送することもできる.更に,中央の 1 セグメントのみを用いて,携帯端末向けの簡易画像伝送を行うこともできる.

また,周波数インタリーブだけでなく,時間インタリーブを採用しているので,移動受信時に発生する受信電波の時間的変動に対して誤り訂正符号の効果が高くなる.

6.4.3 単一周波数ネットワーク

放送ネットワークでは,親局と親局の電波を受信して送信する中継放送所を用いて,サービスエリアを拡大している.放送波中継の際に,受信したチャネル(周波数)を別のチャネル(周波数)で送信する放送ネットワークのことを MFN (multi frequency network) と呼ぶ.MFN は,中継放送所独自のサービスを容易に行えるという利点がある反面,利用可能な周波数が限られている現状では,周波数の割当てが問題である.

地上ディジタルテレビジョン放送で OFDM を使うことの利点として,OFDM のマルチパス耐性を利用して,単一周波数ネットワーク(single frequency network:SFN)を構築できることがあげられる.SFN は,放送ネットワーク内で単一周波数を用いるため,周波

数割当ての問題がない．同一周波数を用いるため，他局からの信号は，マルチパス波と同様に遅延波として観測される．OFDM は巡回拡張処理を用いているため，遅延波が存在するマルチパス環境下でも，遅延波の影響を除去し，搬送波間の直交性を保つことができる．

SFN を実現するためには，ガードインタバルを超えて到達するような遅延波が存在しないようにする必要がある．そのため，各送信局でタイミングを合わせた送信が要求される．また，OFDM 信号の直交性を保つために，各局の送信周波数には高い精度が要求される．

6.4.4　OFDM を用いた無線 LAN システム

現在，多くのノートパソコンには無線 LAN が標準で内蔵されている．無線 LAN で最初に普及した標準規格は IEEE が策定した IEEE802.11b である．この IEEE802.11b は，2.4 GHz 帯の ISM バンドで直接拡散（DS-SS）通信方式を用いる方式であり，最大伝送速度は 11 Mbps である．より高い伝送速度を実現する規格として，5 GHz 帯で OFDM を用いる IEEE802.11a が策定された．IEEE802.11a 規格の最大伝送速度は，54 Mbps である．また，2.4 GHz 帯で OFDM を用いて最大 54 Mbps の伝送速度を実現する IEEE802.11 g 規格も策定された．以下では，IEEE802.11a について概要を説明する．

IEEE802.11a では，64 本のサブキャリヤを生成し，そのうち 48 本を実際にデータ伝送に使用する．また 4 本を通信路推定用のパイロットシンボルに用い，残りの 12 本は隣接チャネル間の干渉を防ぐためにヌルサブキャリヤとして何も伝送しない．ガードインタバル長は 16 サンプルに相当する．したがって，1 OFDM シンボルは，64＋16＝80 サンプルに相当する．送信機は受信機からパケット誤り率を周期的に通知され，それに基づき適応的に変調方式及び通信路符号化の符号化率を決定する適応変調・通信路符号化（adaptive modulation and channel coding：AMC）を用いる．変調方式は BPSK，QPSK，16QAM，64QAM の 4 種類，通信路符号化は符号化率 1/2，2/3，3/4 の畳込み符号が使われる．全サブキャリヤに対して，同時刻では同じ AMC レベル（変調方式，符号化率）を用いる．

IEEE802.11a では，300 MHz の帯域を $B=20$ MHz ずつに分割し各ユーザに割り当てる．多元接続方式として，CSMA/CA（carrier sense multiple access/collision avoidance）を用いる．サブキャリヤの帯域幅は $B/64=20$ MHz$/64=312.5$ kHz である．ガードインタバル長は 16 サンプル，すなわち $16\times 1/B=0.8$ μs である．したがって，最大遅延 0.8 μs までの ISI を除去することができる．これは屋内環境の遅延スプレッドに相当する．

6.4.5 OFDMA

OFDM をアクセス方式に用いた方式に OFDMA 方式があり，次世代移動体通信のアクセス方式の有力な候補とされている．OFDMA 方式は，複数搬送波からなる周波数軸上の論理チャネルと時間スロット（シンボル）の組合せからなるサブチャネルを各ユーザに割り当てる．無線通信における電波伝搬では，伝搬環境が連続的かつ複雑に変動する．この変動は，時間領域及び周波数領域の両方において観測される．OFDMA では，伝搬環境に応じて各ユーザにサブチャネルを最小単位として無線リソースを割り当てることで，マルチユーザダイバーシチを得ることができる．これによって，各ユーザに安定した伝搬環境を提供する．また，システム全体の周波数利用効率も高くなる．OFDMA は，IEEE802.16 で採用されている．モバイル向けの LAN/MAN 規格である IEEE802.16e（IEEE802.16e-2005）も OFDMA を採用しており，モバイル WiMAX と呼ばれている．また，韓国におけるモバイル WiMAX の商用サービスは，WiBro と呼ばれている．

例題 6.3 IEEE802.11a の最大伝送速度及び最低伝送速度を求めよ．

解答 IEEE802.11a 規格での OFDM のシンボル長は，1 OFDM シンボルが 64＋16＝80 サンプルに相当することから，次式のように求められる．

$$T_{sym} = \frac{80}{B} = \frac{80}{20 \times 10^6} = 4 \quad \mu s$$

データ伝送には 48 本のサブキャリヤを用い，最大及び最低伝送速度に相当する AMC レベルが，それぞれ BPSK，1/2，及び 64 QAM，3/4 であることから，次の値となる．

最大伝送速度　　$R_{max} = 48 \times \log_2 64 \times \dfrac{3}{4} \times \dfrac{1}{T_{sym}} = 54$　　Mbps

最低伝送速度　　$R_{max} = 48 \times \log_2 2 \times \dfrac{1}{2} \times \dfrac{1}{T_{sym}} = 6$　　Mbps　　♠

本章のまとめ

❶ **直交周波数分割多重（OFDM）**　直交する多数の搬送波を変調し多重化する技術である．地上波ディジタルテレビジョン放送や高速室内無線 LAN，ADSL など，さまざまな分野で採用または検討されている．

❷ **ガードインタバル**　遅延波が吸収されるよう設けられる保護時間である．符号間干渉（ISI）の影響を低減することができる．

❸ **巡回拡張**　遅延波の影響を低減するためにガードインタバルを OFDM 信号に挿入した際に，搬送波間の直交生が保たれるよう，OFDM 信号の一部をガードイン

タバルにコピーする処理のことをいう．

❹ **ピーク対平均電力比（PAPR, PAR）**　信号の平均電力に対するピーク電力比である．電力増幅器に必要なダイナミックレンジを決めるパラメータである．OFDM信号は複数搬送波の和であるためPAPRが大きくなる．そのため，OFDMに対してPAPRを低減する種々の方法が提案されている．

❺ **ディジタルラジオ放送（DAB）**　欧州先端技術共同体構想（EUREKA：European research coordination action）のプロジェクトで開発され，1995年に欧州電気通信標準化機構で標準化されたディジタル音声放送である．現行のAM/FM放送に比べ，音質向上，文字などの多重放送化，多チャネル化，データ放送受信などを実現できる．変調方式としてOFDMを採用している．

❻ **DVB-T**　欧州の地上ディジタルテレビジョン放送方式であり，OFDMを採用している．

❼ **ISDB-T**　日本の地上波ディジタルテレビジョン放送方式であり，OFDMを採用している．伝送帯域を13個のセグメントに分割し，それらを組み合わせて種々のサービスを実現する階層伝送方式であり，BST-OFDMとも呼ばれる．ISDB-TはDVB-Tと異なり，移動受信が可能である．

❽ **IEEE802.11a/b/g**　IEEEが策定した無線LANの標準規格である．このIEEE802.11bは，2.4 GHz帯のISMバンドで直接拡散（DS-SS）通信方式を用いる方式であり，最大伝送速度は11 Mbpsである．より高い伝送速度を実現する規格として，IEEE802.11aが策定された．IEEE802.11aは5 GHz帯でOFDMを用いる方式であり，最大伝送速度は54 Mbpsである．IEEE802.11gは2.4 GHz帯でOFDMを用いる方式であり，最大伝送速度は最大54 Mbpsである．

❾ **OFDMA**　OFDMをアクセス方式に用いる方式．複数搬送波からなる周波数軸上の論理チャネルと時間スロット（シンボル）の組合せからなるサブチャネルを，各ユーザに割り当てる．次世代移動体通信のアクセス方式の有力な候補である．

❿ **IEEE802.16**　高速無線アクセス網に関するIEEE802.16委員会によって検討が進められている高速無線データ通信規格である．

━━━●理解度の確認●━━━

問 6.1　OFDMが高速無線通信で注目されている理由を述べよ．

問 6.2　ガードインタバルと巡回拡張を用いなかった場合，OFDMの特性を述べよ．

7 誤り制御

　無線通信では，雑音に加えてフェージングなどの影響により，通信品質が大きく劣化する．また，無線通信システムの多くは，例えば携帯端末にみられるように電力制限形であるため，所要送信電力の低減が必要不可欠である．通信品質を改善し，所要送信電力を低減する技術の一つに，誤り制御技術がある．誤り制御技術は，CDやDVDなどのAV機器（記録装置）にも広く用いられている．

　通信システムにおける誤り制御技術は，前方誤り訂正（forward error correction：FEC）方式と自動再送要求（automatic repeat request：ARQ）方式に大別される．FEC方式は，事前に決められた規則に従い，情報に冗長を付加（符号化）して送信し，受信側では冗長によりどの情報が送られたかを知る（復号）技術である．

　一方，ARQ方式は，誤り検出用に情報に冗長を付加（誤り検出符号化）したのち，送信し，受信側で誤りを検出すると，送信側にデータの再送を要求する技術である．ARQ方式は，誤りの検出ができればよいため，FEC方式に比べ，情報に付加する冗長度が少なくてすむが，帰還通信路とバッファが必要である．近年では，ARQ方式にFECを用いたhybrid ARQ（HARQ）方式も注目されている．

　本章では，FEC方式として，代表的な誤り訂正符号であるブロック符号や畳込み符号を取り上げる．また，ARQ方式についても説明する．

7.1 ユークリッド距離とハミング距離

二元シンボル$\{0,1\}$から成る長さnの系列を考える．このとき系列の総数は2^nである．符号理論では，送受信系列を扱うときに，ユークリッド（Euclid）空間に代表される幾何学的表現をしばしば用いる．長さnの系列をn次元ユークリッド空間の単位立方体の頂点の座標に対応づけて考える．**図7.1**に$n=3$の場合の系列の幾何学的表現を示す．ユークリッド空間では，系列間の距離が，二つの頂点を結ぶ直線の長さに相当するユークリッド距離で定義される．これに対し，符号理論では二つの頂点を結ぶ最小の稜線の数で系列間の距離を定義し，これをハミング距離（Hamming distance）という．以下に系列とハミング距離の例を示す．

　　000と111の間のハミング距離：3
　　000と001の間のハミング距離：1
　　000と000の間のハミング距離：0

この例を見てもわかるように，ハミング距離は二つの系列間の相異なるビット数に相当する．

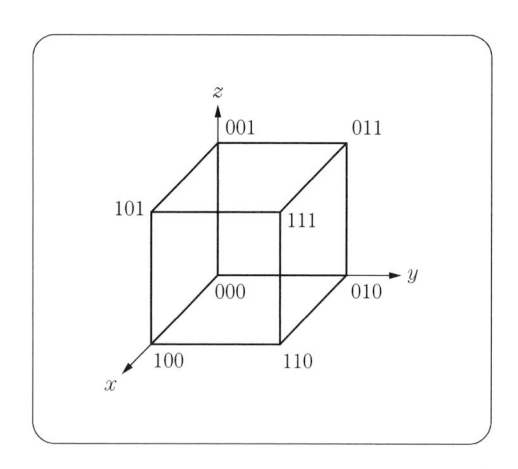

図7.1　$n=3$の場合の系列の幾何学的表現

7.2 ガロア体

　符号は，実数や複素数と異なり，ある有限な集合から生成される．ある元の集合があり，それらの元に加減乗除を行った結果もまた元の集合に属し，それらの元の加法の逆元，乗法の逆元もまた集合に属するような元の集合を体（field）という．実数の集合や有理数の集合は体であり，それぞれ実数体，有理数体と呼ばれる．0, 1 の二つの元からなり，mod 2 の加法（1+1=0）と乗法（1・1=1）が定義された集合も体をなす．これを二つの元をもつガロア体といい，GF(2) と表す．また，q 個の元を持つ有限体を GF(q) と表す．GF(q) は，q が素数，あるいは素数のべき乗であるときのみ成り立ち，mod q の演算に基づく．例えば，GF(5) は**表7.1**に示すように，元 $\{0, 1, 2, 3, 4\}$ に対する mod 5 の演算に基づく．

表7.1　GF(5)の演算表

(a) 加算表

+	0	1	2	3	4
0	0	1	2	3	4
1	1	2	3	4	0
2	2	3	4	0	1
3	3	4	0	1	2
4	4	0	1	2	3

(b) 乗算表

・	0	1	2	3	4
0	0	0	0	0	0
1	0	1	2	3	4
2	0	2	4	1	3
3	0	3	1	4	2
4	0	4	3	2	1

　素数 p，正整数 m に対し，$q = p^m$ である場合，GF(p) 上の $m-1$ 次以下の多項式の集合に対し m 次の既約多項式を法とする演算により GF(p^m) を構成することができる．このようにして構成される体 GF(p^m) を GF(p) の m 次の拡大体（extension field）と呼ぶ．

　例として，$p = m = 2$，$q = 2^2 = 4$ の場合について考える．GF(2) 上の既約多項式

$$G(x) = x^2 + x + 1 \tag{7.1}$$

の剰余多項式

$$ax + b \quad (a, b \in 0, 1) \tag{7.2}$$

の集合を考え，これに $x^2 + x + 1$ を法として mod 2 の加算と乗算を施した結果について考える．式(7.2)で与えられるすべての元 $\{0, 1, x, x+1\}$ に対する演算結果は**表7.2**のようになる．GF(2) 上の一次以下の多項式の集合に対し GF(4) を構成できることがわかる．ガロア拡大体 GF($q = 2^m$) では，次に示す $q = 2^m$ 個の元が存在する．

表 7.2 GF(4) の演算表

(a) 加算表

+	0	1	x	$x+1$
0	0	1	x	$x+1$
1	1	0	$x+1$	x
x	x	$x+1$	0	1
$x+1$	$x+1$	x	1	0

(b) 乗算表

·	0	1	x	$x+1$
0	0	0	0	0
1	0	1	x	$x+1$
x	0	x	$x+1$	1
$x+1$	0	$x+1$	1	x

表 7.3 GF(2^3) の元のベクトル表現

GF(2^3) の元	ベクトル表現
0	0 0 0
$1=\alpha^0=\alpha^7$	0 0 1
α	0 1 0
α^2	1 0 0
$\alpha^3=1+\alpha$	0 1 1
$\alpha^4=\alpha+\alpha^2$	1 1 0
$\alpha^5=1+\alpha+\alpha^2$	1 1 1
$\alpha^6=1+\alpha^2$	1 0 1

$0, 1, \alpha, \alpha^2, \alpha^3, \cdots, \alpha^{q-2}$

ここで，α は GF(α)=0 を満たす x である．例えば，$G(x)=x^3+x+1$ は，次式のように因数分解される．

$$G(x)=x^3+x+1=(x+\alpha)(x+\alpha^2)(x+\alpha^4) \tag{7.3}$$

これ以上因数分解できない n 次の既約多項式であり，かつ $x^l+1=G(x)Q(x)$ を満たす最も小さい l との間に $l=2^n-1$ の関係が成り立つ多項式を原始多項式という．例えば，三次の既約多項式 $G(x)=x^3+x+1$ は，$n=3$，$l=2^3-1=7$ であり，$x^7+1=(x^3+x+1)(x^3+x^2+1)(x+1)$ と因数分解できるので，原始多項式である．n 次の原始多項式の根は，GF($q=2^m$) の原始元となる．GF($q=2^m$) の各元は，ベクトル表現にすることができる．GF(2^3) の元のベクトル表現を**表 7.3** に示す．

7.3 線形ブロック符号

ブロック符号とは，符号語と呼ばれる固定長ベクトルから成る集合である．ベクトルの要素数を符号長と呼び，n で表す．符号語の要素は r 個の要素から成る符号アルファベットから選ばれる．符号アルファベットが 0, 1 の二つの元から成るとき，その符号を二元符号と呼び，符号語の各要素をビットと呼ぶ．また，符号アルファベットの数が q ($q>2$) であるとき，この符号を q 元符号と呼ぶ．ブロック符号では，ブロック単位で独立に情報と符号語が対応する．

符号長 n の二元符号の符号語として取り得るベクトルの個数は 2^n である．この 2^n

個のベクトルから $M=2^k$ ($k<n$) 個のベクトルを選択して符号を構成する．このようにして得られる符号を (n,k) ブロック符号という．このとき符号化率は k/n である．

C_i, C_j を (n,k) ブロック符号の任意の二つの符号語とし，a_1, a_2 を符号アルファベットの任意の元とする．$a_1C_i+a_2C_j$ が (n,k) ブロック符号の符号語であるとき，その符号は線形符号となる．この定義からわかるように，線形符号はすべての要素が0である符号語を含む．符号の特性は，その符号の相異なる符号語間の最小距離に大きく依存する．線形符号の場合，任意の相異なる符号語 C_i, C_j, $i \neq j$ 間のハミング距離は，$C_i+C_i=0$ と C_i+C_j 間のハミング距離，すなわち C_i+C_j の1の数（重み）に等しい．そのため，最小距離の探索が容易になる．

7.3.1　生成行列と検査行列

x_{m1}, x_{m2}, $\cdots$, x_{mk} を，符号語 C_m に符号化される情報ビットを k ビットとし，それぞれ次式のように行ベクトルで表す．

$$X_m = [x_{m1}, x_{m2}, \cdots, x_{mk}] \tag{7.4}$$

$$C_m = [c_{m1}, c_{m2}, \cdots, c_{mn}] \tag{7.5}$$

線形ブロック符号の符号化は

$$c_{mj} = x_{m1}g_{1j} + x_{m2}g_{2j} + \cdots + x_{mk}g_{kj}, \quad j=1, 2, \cdots, n \tag{7.6}$$

のように n 個の式で表すことができる．ただし，$g_{ij}=0$ または1である．式(7.6)は，行列を用いて次式のように表すことができる．

$$C_m = X_m G \tag{7.7}$$

ここで，G を符号の生成行列と呼び，次式のように表すこともできる．

$$G = \begin{bmatrix} \leftarrow g_1 \rightarrow \\ \leftarrow g_2 \rightarrow \\ \vdots \\ \leftarrow g_k \rightarrow \end{bmatrix} = \begin{bmatrix} g_{11} & g_{12} & \cdots & g_{1n} \\ g_{21} & g_{22} & \cdots & g_{2n} \\ \vdots & \vdots & \ddots & \vdots \\ g_{k1} & g_{k2} & \cdots & g_{kn} \end{bmatrix} \tag{7.8}$$

すなわち，任意の符号語は

$$C_m = x_{m1}g_1 + x_{m2}g_2 + \cdots + x_{mk}g_k \tag{7.9}$$

に示すように G の行ベクトル $\{g_i\}$ の線形結合によって与えられる．ここで，生成行列 G の行ベクトル $\{g_i\}$ は，線形独立でなければならない．すなわち，$\{g_i\}$ は，(n,k) 線形符号の基底でなければならない．よって，生成行列とは，符号空間の基底を書き並べたものということができる．ここで，基底の取り方は唯一ではないので，生成行列 G の取り方は一意でないことに注意する．基底の数が k のとき，生成行列 G の階数は k となる．

(n, k)線形符号の任意の生成行列は，基本行操作（と列の入れ換え）によって，組織形に変換できる．

$$G = [I_k | P] = \begin{bmatrix} 1 & 0 & \cdots & 0 & p_{11} & p_{12} & \cdots & p_{1n-k} \\ 0 & 1 & \cdots & 0 & p_{21} & p_{22} & \cdots & p_{2n-k} \\ \vdots & \vdots & \ddots & \cdots & \vdots & \vdots & \ddots & \vdots \\ 0 & 0 & \cdots & 1 & p_{k1} & p_{k2} & \cdots & p_{kn-k} \end{bmatrix} \tag{7.10}$$

ここでI_kは，$k \times k$の単位行列であり，Pは，$n-k$個の冗長ビットを定める$k \times (n-k)$行列である．組織形の生成行列は，符号語の最初のkビットが情報ビットに等しく，残りの$n-k$ビットがkビットの情報ビットの線形結合で表される符号を生成する．これらの$n-k$個の冗長ビットをパリティ検査ビットと呼び，この符号を(n, k)組織符号と呼ぶ．一方，生成行列が式(7.10)で表されない(n, k)符号を非組織符号と呼ぶ．

(n, k)線形符号は

$$\left. \begin{array}{l} h_{1,1}c_1 + h_{1,2}c_2 + \cdots + h_{1,n}c_n = 0 \\ h_{2,1}c_1 + h_{2,2}c_2 + \cdots + h_{2,n}c_n = 0 \\ \qquad\qquad\qquad \vdots \\ h_{m,1}c_1 + h_{m,2}c_2 + \cdots + h_{m,n}c_n = 0 \end{array} \right\} \tag{7.11}$$

のような$m = n-k$個の線形方程式を満たす符号語の集合としても定義される．

式(7.11)は，線形符号におけるパリティ検査式と呼ばれ，この係数行列

$$H = \begin{bmatrix} h_{1,1} & h_{1,2} & \cdots & h_{1,n} \\ h_{2,1} & h_{2,2} & \cdots & h_{2,n} \\ \vdots & \vdots & \ddots & \vdots \\ h_{m,1} & h_{m,2} & \cdots & h_{m,n} \end{bmatrix} \tag{7.12}$$

をパリティ検査行列という．符号の生成行列とパリティ検査行列には次の関係がある．生成行列Gが式(7.10)で表されるとき，パリティ検査行列Hは次式で与えられる．

$$H = [-P^T | I_{n-k}] \tag{7.13}$$

ここでTは転置を表す．二元符号に関して，mod 2演算の加算と減算は等価であるから，式(7.13)の負号は省略することができる．このとき次式が成立する．

$$GH^T = 0, \quad HG^T = 0 \tag{7.14}$$

例として，次式の生成行列で与えられる$(7, 4)$符号を考える．

$$G = \begin{bmatrix} 1 & 0 & 0 & 0 & 1 & 0 & 1 \\ 0 & 1 & 0 & 0 & 1 & 1 & 1 \\ 0 & 0 & 1 & 0 & 1 & 1 & 0 \\ 0 & 0 & 0 & 1 & 0 & 1 & 1 \end{bmatrix} = [I_4 | P] \tag{7.15}$$

符号語は $C_m = [x_{m1}\ x_{m2}\ x_{m3}\ x_{m4}\ c_{m5}\ c_{m6}\ c_{m7}]$ と表される．ここで $\{x_{mj}\}$ は 4 ビットの情報ビットを表し，$\{c_{mj}\}$ は以下で与えられる検査ビットを表す．

$$\left.\begin{array}{l} c_{m5} = x_{m1} + x_{m2} + x_{m3} \\ c_{m6} = x_{m2} + x_{m3} + x_{m4} \\ c_{m7} = x_{m1} + x_{m2} + x_{m4} \end{array}\right\} \tag{7.16}$$

式(7.15)で与えられる生成行列 G に対する検査行列は，次式のようになる．

$$H = \begin{bmatrix} 1 & 1 & 1 & 0 & 1 & 0 & 0 \\ 0 & 1 & 1 & 1 & 0 & 1 & 0 \\ 1 & 1 & 0 & 1 & 0 & 0 & 1 \end{bmatrix} \tag{7.17}$$

ここで，符号の最小距離とパリティ検査行列との関係について考察する．C_j を (n,k) 線形符号の最小重みを与える符号とする．このとき $C_j H^T = 0$ が成り立つので，H の列ベクトルは線形従属である．最小重みは最小距離 $d_{\min}$ に等しいから，H の $d_{\min}$ 個の列ベクトルは線形従属である．一方，H の線形独立な列ベクトル数は，最大 $d_{\min} - 1$ 個である．H の階数は高々 $n-k$ であるので，$n-k \geq d_{\min} - 1$ が成り立つ．したがって，$d_{\min}$ は次式を満たす．

$$d_{\min} \leq n - k + 1 \tag{7.18}$$

7.3.2　最小距離と誤り訂正

線形ブロック符号の最小距離は，その符号の誤り訂正能力を決める重要なパラメータである．いま，ハミング重みが t 以下の (n,k) 線形ブロック符号について，すべての誤りを検出し訂正することを考える．すなわち，符号ベクトル C_i が送信され，受信ベクトルが $r = C_i + e$ であるとき，e のハミング重みが $w(e) \leq t$ であるすべての誤りパターン e に対して，復号器が $\hat{C} = C_i$ を出力する場合を考える．ここで，2^k 個の符号ベクトルは，すべて等確率で送信されると仮定する．そのときの最適復号は，受信ベクトル r に最も近い符号ベクトルを選ぶ，すなわちハミング距離 $d(C_i, r)$ が最も小さい符号ベクトルを選ぶ最小距離復号である．最小距離復号器は，符号の最小距離が $d_{\min} \geq 2t + 1$ であるとき，ハミング重みが $w(e) \leq t$ であるすべての誤りパターン e を検出し，訂正することができる．

最小距離と誤り訂正の幾何学的表現を説明する．図 7.2 に，半径がそれぞれ t である二つの球を示す．ここで，球の中心は，それぞれ符号ベクトル C_i と C_j を表す．二つの球が交わらないためには，$d(C_i, C_j) \geq 2t + 1$ である必要がある．もし符号ベクトル C_i が送信され，C_i と受信ベクトルとのハミング距離が $d(C_i, r) \leq t$ であるなら，最小距離復号器は符号ベクトルとして C_i を選択する．一方，もし二つの符号ベクトルのハミング距離 $d(C_i, C_j) \leq 2t$ であるなら，二つの球は図のように交わる．このとき，送信符号ベクトル C_i に対して，

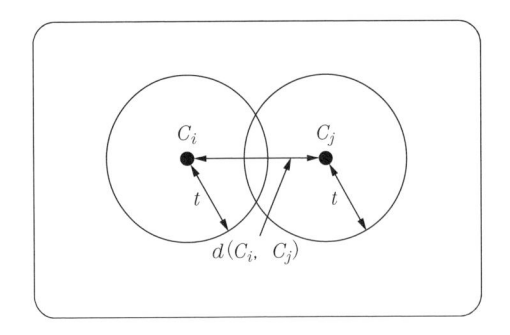

figure 7.2 符号の幾何学的表現

$d(C_i, r) \leq t$ であり，かつ C_i と C_j に対して等距離となる受信ベクトル r が存在する．このとき，最小距離復号器は誤って C_j を選択する可能性がある．これらのことから，(n, k) 線形ブロック符号は，すべての符号語ベクトル C_i, C_j に関して $d(C_i, C_j) \geq 2t+1$ を満たすときのみ，ハミング重み t 以下の誤りパターンをすべて訂正する能力があるといえる．これは符号の最小距離を用いて次式のように表される．

$$t \leq \left[\frac{1}{2}(d_{\min} - 1) \right] \tag{7.19}$$

ここで，記号 $[x]$ は，ガウスの記号であり，x 以下の最大の整数を表す．

すなわち，最小距離が $d_{\min}$ である (n, k) 線形ブロック符号は，この条件を満たすときのみ，t 個までの誤りを訂正することができる．

7.4 線形ブロック符号の例

7.4.1 ハミング符号

ハミング符号には，二元符号と，非二元符号のどちらもある．例として，二元ハミング符号について，その性質を示す．ここで二元ハミング符号とは，以下のような符号パラメータをもつ (n, k) 線形ブロック符号である．

ブロック長：$n = 2^m - 1$，情報ビット長：$k = 2^m - m - 1$，パリティビット長：$n - k = m$

ここで $m \geq 3$ である．$m = 3$ のとき，$(7, 4)$ ハミング符号が得られる．その生成行列は式 (7.10) で表され，それに相当するパリティ検査行列は式 (7.13) で表される．(n, k) パリティ符号の検査行列は，$n-k$ 個の行と n 個の列を有する．二元 (n, k) ハミング符号の場

合，$n=2^m-1$ 個の列ベクトルは，すべての要素が 0 であるベクトルを除く，長さ $n-k=m$ のすべてのベクトルから成る．7.3.1 項の例で考えた (7, 4) ハミング符号の場合，そのパリティ検査行列は，式 (7.17) で示されるように 7 個のベクトルを列ベクトルとして持つ．パリティ検査行列の列ベクトルから 3 個を選んで加えると零ベクトルとなるものが存在する．したがって，(n, k) ハミング符号の最小距離は $d_{\min}=3$ である．

7.4.2 巡回符号

巡回符号は，線形符号の一種であり，以下のような巡回シフト特性を持つ符号である．符号語 $C=[c_0\ c_1\ \cdots\ c_{n-2}\ c_{n-1}]$ が与えられたとき，その巡回置換，$C'=[c_{n-1}\ c_0\ \cdots\ c_{n-3}\ c_{n-2}]$ もまた符号語となる符号が巡回符号である．説明を容易にするために，符号語 $C=[c_0\ c_1\ \cdots\ c_{n-2}\ c_{n-1}]$ を次式の多項式 $C(x)$ で表す．

$$C(x)=c_{n-1}x^{n-1}+c_{n-2}x^{n-2}+\cdots+c_1x+c_0 \tag{7.20}$$

二元符号の場合，多項式の係数は 0 か 1 となる．

いま，符号生成多項式 $G(x)$ を考える．$G(x)$ がある正の整数 n に対して x^n+1 を割り切り，$l<n$ を満たす正の整数 l に対し，x^l+1 を割り切らないとする．このとき，n を $G(x)$ の周期という．例えば，$G(x)=x^3+x+1$ は，$n=7$ に対して，$x^7+1=(x^3+x+1)(x^3+x^2+1)(x+1)$ と割り切り，$l<7$ を満たす正の整数 l に対しては割り切らないので，この $G(x)$ の周期は 7 である．

$G(x)$ の周期が n であるとき，任意の多項式 $a(x)$ と $G(x)$ の積 $C(x)=a(x)G(x)$ の集合は，符号長 n の巡回符号になる．多項式を用いて巡回符号を説明すると，式 (7.20) で表される n 次元ベクトルの符号語が与えられたとき，その巡回置換

$$C'(x)=c_{n-2}x^{n-1}+c_{n-3}x^{n-2}+\cdots+c_1x^2+c_0x+c_{n-1} \tag{7.21}$$

も符号語となる符号ということができ，次のように説明できる．$C(x)$ に x を乗じると

$$\begin{aligned}xC(x)&=c_{n-1}x^n+c_{n-2}x^{n-1}+\cdots+c_1x^2+c_0x\\ &=c_{n-1}(x^n-1)+c_{n-2}x^{n-1}+\cdots+c_1x^2+c_0x+c_{n-1}\end{aligned} \tag{7.22}$$

この式は，$xC(x)$ を x^n-1 で割った剰余が $C'(x)$ となることを示している．式 (7.22) の左辺は $G(x)$ で割り切れ，右辺の第一項も $G(x)$ で割り切れる．したがって，右辺の第二項以下 $c_{n-2}x^{n-1}+c_{n-3}x^{n-2}+\cdots+c_1x^2+c_0x+c_{n-1}$ も $G(x)$ で割り切れなければならない．すなわち，$xC(x)$ を x^n-1 で割った剰余，$C'(x)=xC(x)\bmod(x^n-1)$ もまた符号語になることを示している．

巡回符号にはさまざまな生成法があるが，最も一般的な方法を説明する．情報多項式を

$$I(x)=i_{k-1}x^{k-1}+i_{k-2}x^{k-2}+\cdots+i_1x+i_0 \tag{7.23}$$

とする．情報ビットを符号多項式の高次の項に対応させるため，$I(x)$ を x^{n-k} 倍し，それを生成多項式 $G(x)$ で割り，その商を $Q(x)$，剰余を $R(x)$ とする．

$$x^{n-k}I(x) = Q(x)G(x) + R(x) \tag{7.24}$$

ここで $R(x)$ を移項し，符号化する．

$$x^{n-k}I(x) + R(x) = Q(x)G(x) \tag{7.25}$$

例題 7.1 生成多項式 $G(x) = x^3 + x + 1$ を用いて (7,4) 巡回符号を生成せよ．

解答 情報多項式を $I(x)$ とすると，$n - k = 7 - 4 = 3$ より

$$x^3 I(x) + R(x) = Q(x)G(x)$$

例えば，情報ビットを

$0101 = x + x^3 = I(x)$ とするとき

$$x^3 I(x) = x^4 + x^6$$

これを $G(x)$ で割ると，商 $Q(x) = x^3 + 1$，剰余 $R(x) = x + 1$ となる．したがって

$$(x^4 + x^6) + x + 1 = (x^3 + x + 1)(x^3 + 1)$$

これを系列で表現すると 1100101 となる．他の情報ビット系列に対しても同様である．♠

7.4.3　BCH 符 号

ハミング符号は，$GF(2^m)$ の原始元 α の最小多項式を生成多項式とする符号である．これに対し，$\{\alpha, \alpha^3, \cdots, \alpha^{2t-1}\}$ の t 個の元を根としてもつ最小多項式を生成多項式とする符号を BCH (Bose-Chaudhuri-Hocquenghem) 符号という．$t = 1$ の BCH 符号はハミング符号となる．BCH 符号は，共役根を含めると $\{\alpha, \alpha^2, \alpha^3, \cdots\}$ のように根のべきの数が連続する．

BCH 符号の復号では，根が複数であることを利用して，複数ビット誤りの複合事象を分解する．例として，符号長 $n = 15$，情報ビット数 $k = 7$ で，2 ビットのランダム誤りを訂正する BCH(15,7) 符号を用いて復号手順を説明する．BCH(15,7) 符号の生成多項式は

$$G(x) = (x^4 + x + 1)(x^4 + x^3 + x^2 + x + 1) = x^8 + x^7 + x^6 + x^4 + 1 \tag{7.26}$$

である．まず，受信多項式 $Y(x) = C(x) + E(x)$ について，以下で定義される共役根でない独立な根から得られるシンドローム S_1, S_3 を計算する．

$$S_i = Y(\alpha^i), \quad i = 1, 3, \cdots, 2t - 1 \tag{7.27}$$

ここで，$C(x)$ は符号語，$E(x)$ は誤りの位置を示す誤り多項式である．また，$C(\alpha^i) = 0$ であるので $S_i = E(\alpha^i)$ となる．すなわち，シンドロームは送信符号語とは無関係であり，誤り語によって決まる．誤り位置 $i_1, i_2, \cdots, i_l$ ($l \leq t$) に対し，誤り位置多項式と呼ばれ

$$\sigma(z) = (1 - \alpha^{i_1}z)(1 - \alpha^{i_2}z) \cdots (1 - \alpha^{i_l}z) = 1 + \sigma_1 z + \sigma_2 z^2 + \cdots + \sigma_l z^l \tag{7.28}$$

を定義する．誤り位置多項式 $\sigma(z)$ は，$\alpha^{i_1}, \alpha^{i_2}, \cdots, \alpha^{i_l}$ を根としてもつので，シンドローム

から，この $\sigma(z)$，すなわち σ_i が求まれば誤り位置がわかる．$l=2$ の場合，σ_1, σ_2 は，S_1, S_3 を用いて次式のように表される．

$$\left.\begin{array}{l}\sigma_1 = S_1 \\ \sigma_2 = \dfrac{S_1^3 + S_3}{S_1}\end{array}\right\} \tag{7.29}$$

シンドロームを用いて誤り多項式 $\sigma(z)$ を求めたのち，α^{-i}, $i=0, 1, 2, \cdots$ を代入することでその根を求め，誤り位置を特定する．この復号法は時間がかかるので，$t=2$ の二重誤り訂正符号では，誤り位置多項式の係数と根の関係を表で用意しておき，表を参照することで誤り位置を特定することが多い．

例題 7.2 BCH(15,7)符号のある符号多項式が伝送され，受信多項式 $Y(x) = x^2 + x^5 + x^6 + x^9 + x^{10}$ が受信された．必要なら誤り訂正を行い，送信符号多項式を求めよ．

解答 BCH(15,7)符号の生成多項式は

$$G(x) = (x^4 + x + 1)(x^4 + x^3 + x^2 + x + 1)$$

であり，$GF(2^4)$ の元 α, α^3 を根としてもち，二つの誤りを訂正する．まず受信多項式 $Y(x)$ に根を代入し，シンドロームを計算する．

$$S_1 = Y(\alpha) = \alpha^4, \quad S_3 = Y(\alpha^3) = \alpha^7$$

シンドロームを用いて，誤り位置多項式 $\sigma(z)$ を求める．

$$\sigma_1 = S_1 = \alpha^4, \quad \sigma_2 = \frac{S_1^3 + S_3}{S_1} = \alpha^{13}, \quad \sigma(z) = 1 + \alpha^4 z + \alpha^{13} z^2$$

これを因数分解する．

$$\sigma(z) = 1 + \alpha^4 z + \alpha^{13} z^2 = (1 - \alpha^5 z)(1 - \alpha^8 z)$$

よって，誤り位置は 5，8 であるので，受信多項式の第 0 桁目から数えて 5 桁目，8 桁目を反転させて誤りを訂正し，以下の送信符号多項式を得る．

$$C(x) = x^2 + x^6 + x^8 + x^9 + x^{10}$$

♠

7.4.4 リード・ソロモン符号

BCH符号は，符号を構成するシンボルが $GF(2)$ の元 0, 1 であり，その生成多項式の一つの根 α をガロア拡大体 $GF(2^m)$ の元に選んで構成される．これに対し，リード・ソロモン(Reed-Solomon：RS) 符号は，符号を構成するシンボルが，α が定義されるガロア拡大体 $GF(2^m)$ の元である BCH 符号である．そのため，RS 符号は，シンボル単位で誤りを訂正する符号である．t 個以下のシンボル誤りを訂正可能な RS 符号の生成多項式 $G(x)$ は，次式で与えられる．

$$G(x) = (x-\alpha^b)(x-\alpha^{b+1})(x-\alpha^{b+2})\cdots(x-\alpha^{b+2t-1}) \tag{7.30}$$

ここで，符号長は $n=2^m-1$，情報シンボル数は $k=n-2t$，最小距離は $2t+1$ である．RS 符号は，多値符号であるため，誤りの大きさも必ずしも1ではない．そのため，RS 符号の復号の際には，BCH 符号の復号の際と同様に，誤り位置を推定するのに加えて，誤りの大きさを推定する必要がある．例として，三つの誤り（$t=3$）を訂正するRS 符号を考える．生成多項式の一例は，次式で表される．

$$\begin{aligned}G(x) &= (x-\alpha)(x-\alpha^2)(x-\alpha^3)(x-\alpha^4)(x-\alpha^5)(x-\alpha^6) \\ &= \alpha^6 + \alpha^9 x + \alpha^6 x^2 + \alpha^4 x^3 + \alpha^{14} x^4 + \alpha^{10} x^5 + x^6\end{aligned} \tag{7.31}$$

これは $GF(2^4)$ 上に構成される $(15,9)$ RS 符号である．復号では，まず受信多項式 $Y(x)$ に対し，シンドローム $S_i=Y(\alpha^i)$, $i=1,2,3,4,5,6$ を計算する．誤りの大きさを表す変数を Y_u，誤りの位置を表す変数を V_u とすると，シンドロームは次式のように表される．

$$S_i = \sum_{u=1}^{3} Y_u V_u^i, \quad i=1,2,3,4,5,6 \tag{7.32}$$

ここで，V_u は第0桁から数えて第 j 桁に誤りがあるときに $V_u=\alpha^j$ と表すとする．V_u と誤り位置多項式 $\sigma(x)$ の関係から次式を得る．

$$(V_1-x)(V_2-x)(V_3-x) = \sigma_3 - \sigma_2 x + \sigma_1 x^2 - x^3 \tag{7.33}$$

上式とシンドローム S_i，誤り大きさ変数 Y_u，誤り位置変数 V_u の関係から次式を得る．

$$S_i \sigma_3 - S_{i+1} \sigma_2 + S_{i+2} \sigma_1 - S_{i+3} = 0, \quad i=1,2,3,4,5,6 \tag{7.34}$$

式(7.34)にシンドロームを代入して $\sigma_1, \sigma_2, \sigma_3$ を求め，それを用いて式(7.33)から誤り位置変数 Y_u を求め，式(7.32)から誤り大きさ変数 V_u を求める．

いま，すべて0の符号語が伝送され，その第0, 3, 4桁に，$\alpha, \alpha^5, \alpha^7$ の大きさの誤りが発生し，以下の符号語が受信されたとする．

$$R = (\alpha, 0, 0, \alpha^5, \alpha^7, 0, 0, 0, 0, 0, 0, 0, 0, 0, 0)$$

このとき，シンドロームは次式のようになる．

$$\left.\begin{aligned}S_1 &= Y(\alpha) = \alpha^{14} \\ S_2 &= Y(\alpha^2) = \alpha^{13} \\ S_3 &= Y(\alpha^3) = \alpha^3 \\ S_4 &= Y(\alpha^4) = \alpha^4 \\ S_5 &= Y(\alpha^5) = \alpha^7 \\ S_6 &= Y(\alpha^6) = \alpha^8\end{aligned}\right\} \tag{7.35}$$

式(7.34)，式(7.35)から，$\sigma_1, \sigma_2, \sigma_3$ が以下のように求まる．

$$\sigma_1 = \alpha^9, \quad \sigma_2 = 0, \quad \sigma_3 = \alpha^7$$

これと式(7.33)から V_u が求まる．

$V_1=1, \quad V_2=\alpha^3, \quad V_3=\alpha^4$

これを式(7.32)に代入することにより Y_u が求まり，誤りを訂正することができる．

$Y_1=\alpha, \quad Y_2=\alpha^5, \quad Y_3=\alpha^7$

RS 符号は，実用上最も重要な誤り訂正符号の一つであり，CD や DVD，放送などに，幅広く用いられている．

7.5 畳込み符号

ブロック符号が一定の情報長（ブロック）単位で符号化する符号であるのに対し，畳込み符号は過去の数ビットを用いて現時点での符号化ビットを得る符号であり，情報系列と符号系列の対応が逐次的である．符号化率 $R=k/n$ の畳込み符号では，情報ビット k ビットに対し，符号化ビット n ビットを出力する．各 n ビットは，現在及び過去の情報ビットによって定まる．この現在及び過去の情報ビットへの依存長を拘束長 K と一般に表す．拘束長の定義として，過去の情報ビットへの依存長だけを表す場合もある．

7.5.1 畳込み符号器

図 7.3 に，$R=1/2$, $K=3$ の畳込み符号の符号器を示す．符号器は，$K-1$ 個のシフトレジスタと mod 2 の加算器により構成され，その接続の仕方により現在及び過去のビット間の相関が決まる．復号の際には，この相関を用いる．接続の仕方の表現方法の一つに，ブ

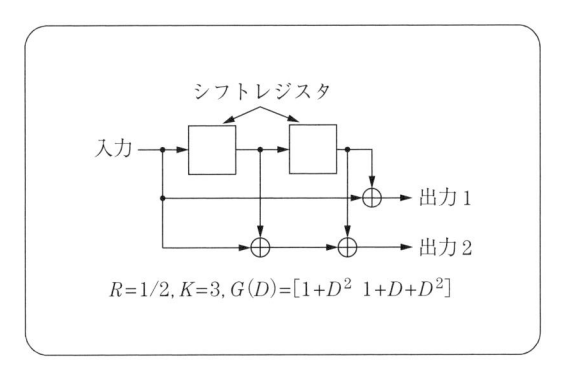

図 7.3 畳込み符号の符号器

ロック符号と同様の生成行列がある．図7.3の場合，生成行列 $G(D)$ は次式で表される．

$$G(D) = [1+D^2 \quad 1+D+D^2] \tag{7.36}$$

D は遅延演算子であり，D^i は i 単位時間（ここでは1ビット時間）の遅延を表す．なお，二元符号として畳込み符号を説明するが，一般には q 元符号であってもよい．

符号器の別の表現方法として，mod 2 加算器と入力及びシフトレジスタ出力の接続の有無を1，0で表現し，接続全体を表すその2進系列を8進表現する方法もよく用いられている．図7.3の符号器の場合は $(5,7)_8$ と表す．ここで添え字の"8"は，8進表現であることを表し，省略されることもある．

7.5.2 トレリス線図

畳込み符号の入力ビット，シフトレジスタの状態，符号器出力（符号化ビット）の関係を表す方法に，トレリス線図がある．図7.4に，図7.3の符号器のトレリス線図を示す．S_{ij} はシフトレジスタの中身が，1時刻前が j，2時刻前が i であることを表す．同じ状態を S_{ji} と表すこともある．図の例では，シフトレジスタ数が2であるので，状態数は 2^2 の4である．トレリス線図の実線は，符号器への入力が0であるときに生じる符号器の状態遷移を表す．また破線は，符号器への入力が1であるときに生じる符号器の状態遷移を表す．各状態間の線は枝（branch）と呼ばれる．枝に付けられているラベルは，その状態遷移に対応する符号器出力を表す．図の例では，符号化率が $R=1/2$ であるので，各状態からの遷移は1ビット入力に対応する2本である．$R=k/n$ の場合，符号器には k ビットずつ入力されるので，各状態からの遷移は 2^k 本である．

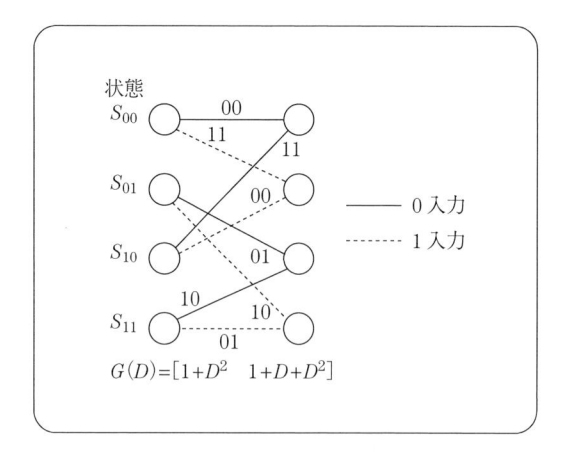

図7.4 トレリス線図

入力情報に対する符号器出力は，トレリス線図では枝の連なりとなる．これをパスという．

7.5.3 ビタビ復号法

畳込み符号の代表的な復号法の一つに，トレリス線図上で最尤復号を効率的に実現するビタビ（Viterbi）復号法がある．ビタビ復号法では，パスの周期的な再結合を考慮してパスを取捨選択するため，最尤復号を効率的に実現することができる．簡単のために，1ビットの入力に対し，1本の枝と一つの状態遷移が生じる $k=1$ の場合について説明する．この場合，各時刻の各状態では二つの異なる状態から遷移する枝がある．各枝の符号語と対応する受信符号語から，各枝（符号語）の確からしさを表すメトリック（metric）を計算する．メトリックには，硬判定復号時にはハミング距離を，軟判定復号時には尤度や対数尤度をそれぞれ用いる．尤度や対数尤度では，共通となる係数は一般に無視する．

AWGN 通信路において，送信符号語 c，受信符号語 r の場合，共通な係数を無視すると，対数尤度は次式で与えられる．

$$\lambda = (r-c)^2 = |r|^2 + |c|^2 - 2rc \tag{7.37}$$

また，BPSK の場合，$|r|^2$, $|c|^2$ は $c=+1$, $c=-1$ で互いに共通であり

$$\lambda = \sum_i (-2r_i c_i) \tag{7.38}$$

のように簡略化できる．$\sum_i$ は，各枝のメトリックを計算する場合，その枝の符号語にわたる総和である．上式に -1 を掛けた値をメトリックとして用いる場合も多い．軟判定復号は，硬判定復号に比べ，誤り率特性を信号対雑音電力比（SN比）で数 dB 程度改善する．

図 7.5 に，図 7.3 の符号器に対する硬判定復号時のビタビ復号法の復号例を示す．ここで，入力情報系列は $(0,1,0,1,1,0,0)$ で，最後の $(0,0)$ はシフトレジスタの状態を特定し復号特性を改善するための入力で，終端ビット系列と呼ばれる．この終端処理により，誤り率特性を改善することができる．このとき，符号系列は $(00,11,01,00,10,10,11)$ である．また，受信系列は $(00,10,11,00,10,11,11)$ であるとする．図のトレリス線図では，時刻 3 の各状態で二つのパスが合流している．例えば，S_{00} では，符号系列 $(00,00,00)$ と $(11,01,11)$ の二つのパスが合流している．各パスのメトリック，すなわち受信系列とのハミング距離は，前者は 3，後者は 4 である．そこで，ハミング距離の小さいパスを生き残りパスとして選択し，選択したパスのメトリック 3 とパスの履歴 $(00,00,00)$ を記録する．同様に時刻 3 の S_{10} では，符号系列 $(00,11,01)$ と $(11,10,10)$ の二つのパスが合流し，ハミング距離の小さい前者のパス（ハミング距離 2）を選択し，選択したパスメトリック 2 とパスの履歴 $(00,11,01)$ を記録する．図 7.5 では，各状態 S_{ij} の○の中に生き残りパスのハミング距離を記入している．

同様の処理を各時刻，各状態で行う．その際，時刻 3 以降の各状態では，時刻 0 までさか

112　　7. 誤　り　制　御

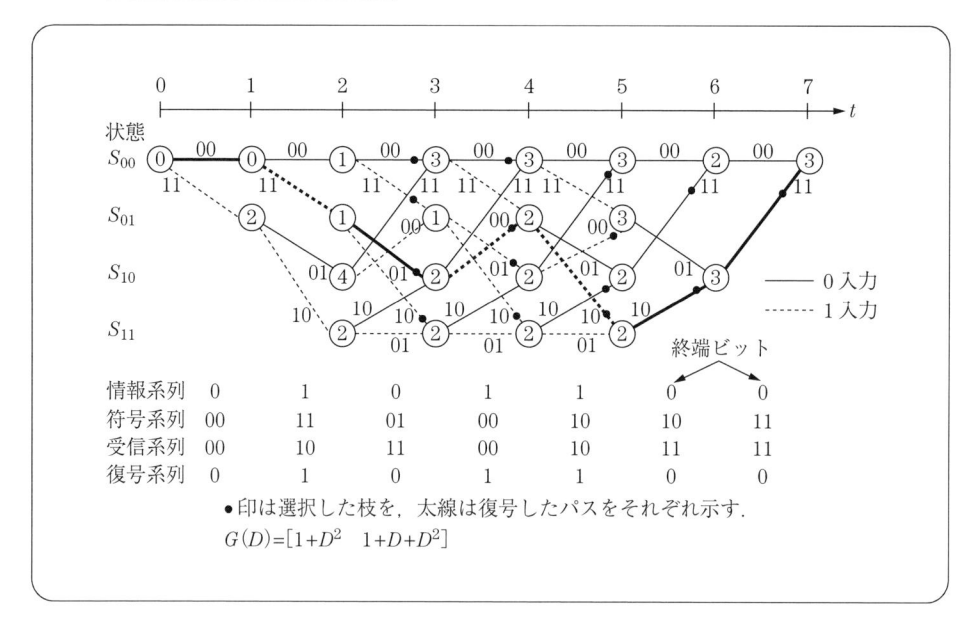

図 7.5　ビタビ復号法の復号例

のぼって距離を求める必要はない．時刻 3 以降の各状態では，合流するパスの 1 時刻前の状態での距離及びパスの履歴と，その状態から現在の状態への遷移の距離及び符号語を，それぞれ加えたものを用いればよい．例えば，時刻 4，状態 S_{00} では，時刻 3 の状態 S_{00} からと S_{10} からの二つのパスが合流する．このとき，時刻 3 の状態 S_{00} にはハミング距離 3 及びパス (00, 00, 00) が，S_{10} にはハミング距離 2 及びパス (00, 11, 01) がそれぞれ記録されている．時刻 3 から 4 への遷移は，S_{00} から S_{00} へはパス 00，ハミング距離 0 が，S_{10} から S_{00} へはパス 11，ハミング距離 2 がそれぞれ対応する．時刻 0 から 3 までのハミング距離およびパスに，時刻 3 から 4 へのハミング距離およびパスをそれぞれ加算すると，パス (00, 00, 00, 00)，ハミング距離 3+0=3 と，パス (00, 11, 01, 11)，ハミング距離 2+2=4 が得られる．S_{00} では，時刻 3 と同様の処理を行う．例では，トレリスは時刻 7 で終端しているので，上記の処理を繰り返し，時刻 7 で状態 S_{00} で選択されたパスが受信系列に最も近いパスとして選択され，選択パスに対応する情報系列 (0, 1, 0, 1, 1, 0, 0) が復号結果として出力される．

　パスが長くなると，終端時刻より前に生き残りパスの先頭は確定することが多い．図の例では，時刻 3 の各状態での生き残りパスはすべて (00, ××, ××) であり，時刻 0 での符号ブロックは 00 と確定できる．したがって，復号器では終端まで待たず，パスの確定した部分に対応する情報系列を順次，復号結果として出力できる．通常，パスの長さが拘束長の 5, 6 倍程度の長さになるまでに確定することが多い．

　畳込み符号の特性は，最小自由距離 d_{free} に大きく依存する．図 7.3 の符号の場合，最小自由距離は $d_{\text{free}} = 5$ である．畳込み符号の最小自由距離は，通常，拘束長を長くすると大

きくなる．そのため特性は改善されるが，状態数が指数関数的に増えるので，必要なシフトレジスタ数や処理が増え複雑になる．通常，拘束長が $K \leq 10$ まではビタビ復号が適用される．より長い拘束長の畳込み符号に対しては，逐次復号法が用いられる．

例題 7.3 符号化率 $R=1/2$，生成多項式 $G(D)=[1+D^2 \quad 1+D+D^2]$ で与えられる畳込み符号について次の問いに答えよ．ただし，シフトレジスタの初期状態は 00 とする．また，通信路は二元対称通信路とする．

(1) 5ビットの情報系列に終端2ビット（00）を付加して符号化し送信した．このとき，受信系列は 10 10 11 01 11 01 11 であった．5ビットの情報系列を求めよ．

(2) (1)の入力と終端2ビット（00）に対する符号系列を求めよ．

解答 (1), (2) 図7.6のトレリス線図のようにビタビ復号法を用いる．

情報系列：1 1 0 0 1，　符号系列：11 10 10 11 11 01 11

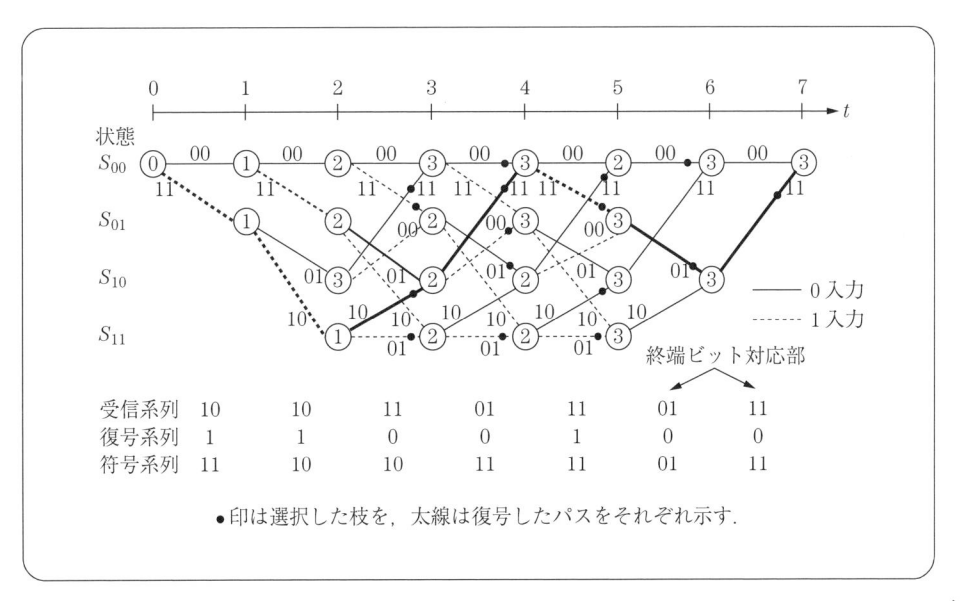

図7.6　例題7.3のビタビ復号結果

7.6　最大事後確率復号

最尤復号は，ある受信語 y に対し，送信語 w で条件づけした受信語の条件付き確率 $P(y|w)$

を最大とする符号語 w が送られたと判定する復号である．最尤復号では，各符号語の事前確率（生起確率，送信確率）$P(w)$ はすべて等しいと仮定している．各符号語の事前確率がすべて等しいとき，最尤復号の復号誤り率は最小となる．

一方，各符号語の事前確率によらず各復号語の復号誤り率を最小とする復号に最大事後確率（maximum a posteriori probability：MAP）復号がある．MAP 復号は，ある受信語 y に対し，それが受信されたという条件下で，送信語 w の条件つき確率 $P(w|y)$ が最大となる符号語が送られたと判定する復号である．すなわち次式で表される．

$$P(w|y) = \frac{P(y|w)P(w)}{P(y)} \tag{7.39}$$

一般に，通信路の遷移確率 $P(y|w)$ は比較的容易に求められる．また，MAP 復号を行う場合，与えられた受信語 y に対して事後確率を計算し，比較するのであるから，$P(y)$ は定数として扱える．各情報ビットの復号誤り率を最小としたい場合，各情報ビットを MAP 復号すればよい．符号語 w を $w = (w_1, w_2, \cdots, w_n)$，受信語 y を $y = (y_1, y_2, \cdots, y_n)$ とする．符号語 w の第 i 成分 w_i の事後確率 $P(w_i|y)$ が最大となるように w_i を選べば，ビット w_i の復号誤り率は最小となる．

$$P(w_i = b|y) = \sum_{w \in [C]_{w_i = b}} P(w|y) \tag{7.40}$$

ここで，$[C]_{w_i = b}$ は，C の符号語で第 i 成分 w_i が b であるすべての集合を表す．すべての送信語の事前確率（生起確率）が等しいなら，最尤復号（ML 復号）は MAP 復号と等価となる．

7.7 連接符号

連接符号（concatenated code）は，通常，図 7.7 に示すように，二つの符号器を直列に配置して構成される．ここで初めの符号器の符号 C_o を外符号，次の符号器の符号 C_i を内符号と呼ぶ．いま，内符号を二元 (n, k) 符号 C_i，外符号を 2^k 元 (N, K) 符号 C_o とする．このとき，C_i の符号器，通信路，C_i の復号器から成るブロックは，k ビットを一つの単位として扱う通信路とみなすことができる．この内符号から成る通信路に対して，k ビットを 1 シンボルとする外符号を用いる．このとき，連接符号の符号化率は $R = kK/nN$ となる．通常，内符号には二元のランダム誤り訂正符号が用いられ，外符号には $GF(2^k)$ を元とする

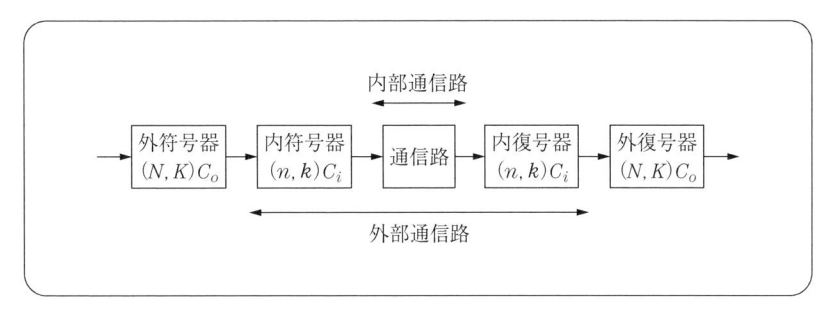

図7.7 連接符号

シンボル誤り訂正符号が用いられる．代表的な構成例としては，（内符号にBCH符号，外符号にRS符号）や（内符号に畳込み符号，外符号にRS符号）がある．また，内符号器と外符号器の間には，誤り系列をランダム化するインタリーバ（交錯器）が配置される．

7.8 ターボ符号

　ターボ符号は，理論限界（シャノン限界）に近い特性を，現実的な演算量で実現する符号である．1993年にBerrouらによって提案され，現在，衛星通信，移動通信，光ファイバ通信など多くの分野で用いられている，あるいは使用が検討されている．ターボ符号は，並列連接畳込み符号（parallel concatenated convolutional code：PCCC）とも呼ばれ，その符号器の基本構成は，図7.8に示すように，複数の要素符号器と，要素符号器間に配置される

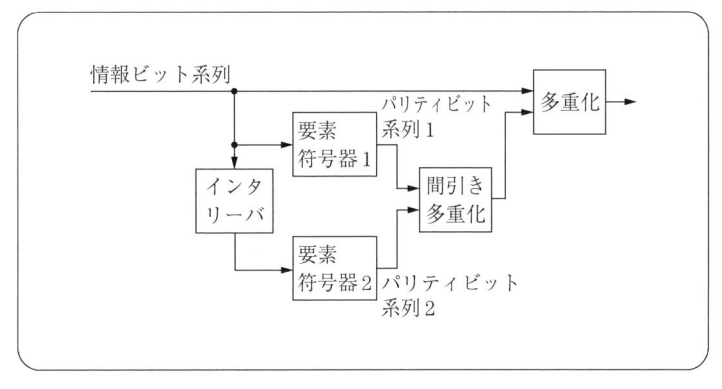

図7.8 ターボ符号器

インタリーバ（交錯器）から成る．各要素符号器は，同じでもよいし，また異なってもよい．図の符号器の例では，情報ビット系列は一定の系列長のブロックに分割されたのち，そのまま出力，要素符号器1に入力，インタリーバを介して要素符号器2に入力の各処理が行われる．各要素符号器の出力はパリティビット系列として出力され，多重化，または間引き多重化される．ここで，間引き多重化とは，例えば偶数時刻では要素符号器1のパリティビットを，奇数時刻では要素符号器2のパリティビットを，それぞれ選択して多重化することをいう．

ターボ符号の特徴は，要素復号器間で軟出力を繰り返しやりとりし，復号性能を改善する繰返し復号にある．図7.9に対応する復号器を示す．復号器は，各要素符号器に対応した要素復号器と，ビット系列の順序を整合させるインタリーバ及びデインタリーバから成る．各要素復号器は，情報ビットが"1"である確率と"0"である確率の比の対数で定義される対数尤度比（log-likelihood ratio：LLR）を計算し出力する．要素復号器1は，受信信号から得られるLLRである通信路値と，要素復号器2から得られるLLRを事前値（事前対数尤度比）として用いて，それらがわかったことを条件とするLLRである事後値を計算する．そして，要素復号器を通すことで増すLLRの増分を外部値として出力する．要素復号器2も，要素復号器1からの外部値を事前値として受け取り，要素復号器1と同様の処理をする．要素復号器間でLLRのやりとりを繰り返したのち，事後値の正負を判定して復号結果とする．通常，繰返し回数は10回程度に設定される．このような復号法を繰返し復号と呼ぶ．

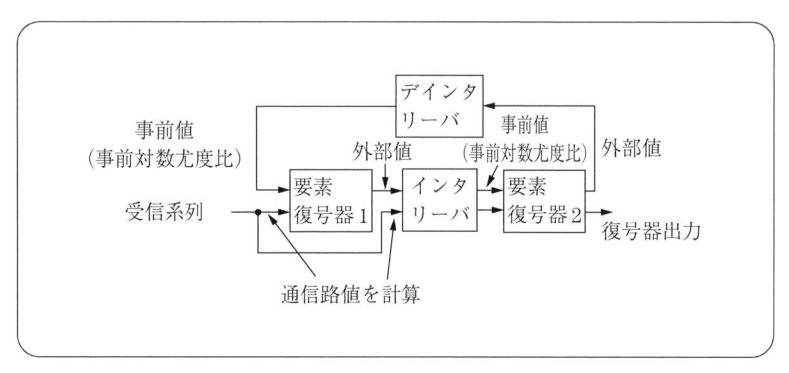

図7.9 ターボ復号器

7.9 低密度パリティ検査符号

7.9.1 概要及び定義

低密度パリティ検査（low-density parity-check：LDPC）符号は，1960年代にGallagerにより提案された誤り訂正符号である．LDPC符号は，多くの0とわずかな1から成る疎なパリティ検査行列 H で定義される線形ブロック符号で，sum-product復号法と呼ばれる反復復号を用いることで，シャノン限界に非常に近い特性を達成する．また，復号計算量は符号長に対して線形時間であり，復号アルゴリズムは並列実装可能であることから，通信・放送・記録などの各分野で注目されている．符号長 N，情報長 K のLDPC符号を一般に (N,K) LDPC符号と表す．このときパリティビット数 M は $M=N-K$ で与えられ，パリティ検査行列 H は $M\times N$ 行列となる．

次式に $(12,6)$ LDPC符号のパリティ検査行列 H を示す．

$$H = \begin{bmatrix} 1 & 1 & 1 & 0 & 0 & 1 & 1 & 0 & 0 & 0 & 1 & 0 \\ 1 & 1 & 1 & 1 & 1 & 0 & 0 & 0 & 0 & 0 & 0 & 1 \\ 0 & 0 & 0 & 0 & 0 & 1 & 1 & 1 & 0 & 1 & 1 & 1 \\ 1 & 0 & 0 & 1 & 0 & 0 & 0 & 1 & 1 & 1 & 0 & 1 \\ 0 & 1 & 0 & 1 & 1 & 0 & 1 & 1 & 1 & 0 & 0 & 0 \\ 0 & 0 & 1 & 0 & 1 & 1 & 0 & 0 & 1 & 1 & 1 & 0 \end{bmatrix} \tag{7.41}$$

パリティ検査行列において，行は各検査式，列は各ビットにそれぞれ対応する．LDPC符号の符号化は，通常，生成多項式 G を用いて行われる．生成多項式はパリティ検査行列 H が決まると一意に決定される．情報系列を i とすると，符号語は $x=iG$ と符号化される．LDPC符号はパリティ検査行列 H の各行各列に含まれる1の数（行重み，列重み）が一様であるパリティ検査行列 H で定義されるレギュラLDPC符号と，各行，各列に含まれる1の数が一様でないパリティ検査行列 H で定義されるイレギュラLDPC符号の二つに大別される．レギュラLDPC符号の行重み及び列重みをそれぞれ w_r, w_c とすると，次式の関係が成り立つ．

$$w_r = w_c \frac{N}{M}, \quad w_c \ll M, \quad R = \frac{K}{N} = 1 - \frac{w_c}{w_r} \tag{7.42}$$

最適な次数分布をもつイレギュラ LDPC 符号は，レギュラ LDPC 符号やターボ符号よりも優れた BER 特性を達成することが報告されている．

LDPC 符号のパリティ検査行列 H が疎であっても，LDPC 符号の生成多項式 G は，必ずしも疎になるとは限らない．LDPC 符号の符号化及び復号では，生成行列 G，パリティ検査行列 H それぞれに含まれる 1 の数だけ演算を要するため，後に述べる復号が符号長 N に対し線形時間で行われる一方で，符号化の時間計算量が $O(N^2)$ となる．この符号化と復号の時間のギャップが LDPC 符号のボトルネックとされていたが，近年，符号化時間が符号長に対して線形である LDPC 符号が多数報告されており，各種標準で採用されている．

7.9.2　LDPC 符号の二部グラフ表現

LDPC 符号はタナーグラフと呼ばれる二部グラフを用いて表現できる．その符号構成や復号法，性能解析の際には，タナーグラフを用いると便利なことが多い．式(7.41)のタナーグラフを図 7.10 に示す．

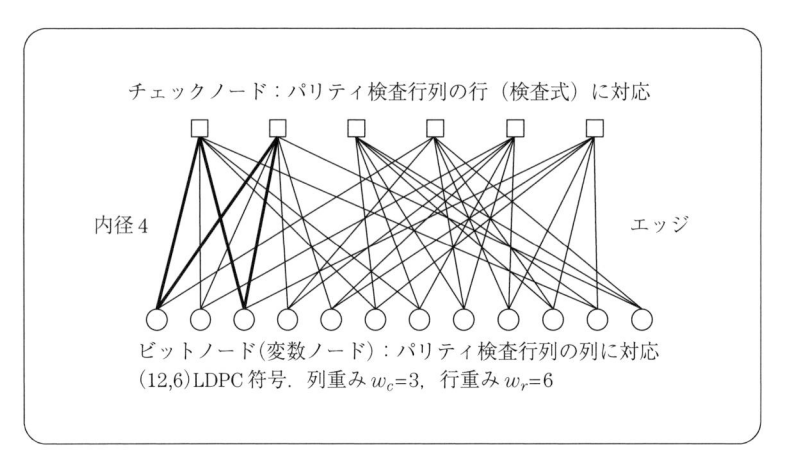

図 7.10　タナーグラフ

タナーグラフにおいてチェックノードは行列の行に，ビットノードは行列の列に，ビットノードとチェックノードを結ぶエッジは行列の成分 1 にそれぞれ対応する．

LDPC 符号の特性は，符号，すなわちグラフ構造に大きく依存する．LDPC 符号の復号法である sum-product 復号法では，自分以外のすべてのビットの情報を独立に受け取ることができる場合，すなわちグラフが木グラフである場合のみ正確な事後確率を計算し，最大事後確率（MAP）復号を実現する．実際には，グラフは木グラフではないため，事後確率

の近似値を計算する．その近似精度を高くするためには，グラフが疎なグラフであることが必要である．また，グラフが疎な場合にも，ループ（またはサイクルとも呼ばれる）が特性に大きく影響する．ループとは，始点のノードへ各エッジを1回しか通過せずに戻ってくるパス（エッジの連なり）を意味する．タナーグラフ上にループが存在すると，復号時に伝搬させる尤度間に相関が現れるため，近似精度が劣化してしまう．しかし，グラフにループを持たない符号は最小距離の観点で優れた符号になりえない．そのため，通常LDPC符号は，ループの最小値である内径 (girth) が大きくなるように設計される．図7.10の例では，内径は太線で示されているように最小値である4となっている．**図7.11**に，内径が6である(10,5)LDPC符号のタナーグラフ示す．

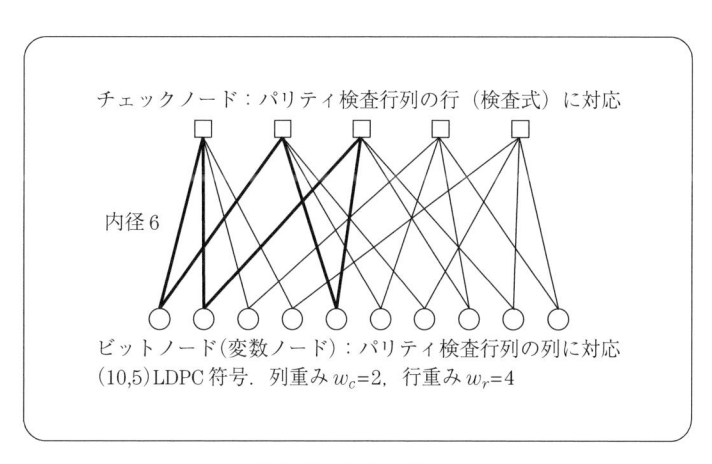

図7.11 タナーグラフ

7.9.3 LDPC符号の構成法

LDPC符号のパリティ検査行列は，疎な行列である必要がある．これまでに多くのLDPC符号の構成法が報告されているが，それらはランダム構成法と確定的構成法の二つに大別される．ランダム構成法は，乱数に基づき疎な検査行列を生成する手法である．特に符号長が長い場合，特性の優れた符号を生成するのに適している．通常，ランダムに生成した疎な行列をもとに，内径が大きくなるように修正する．また，行重み・列重みに関しても，優れた特性が得られるように設定する．符号化率 $R=1/2$ のレギュラLDPC符号では，行重み6，列重み3の符号が最も優れた特性を達成することが報告されている．

図7.12にGallagerによって提案されたランダムなレギュラLDPC符号の構成法を示す．block 1 の各行は行重みの数だけ1を連続して横に並べる．このとき，上の行と1の場所がオーバーラップしないように，階段状に配置する．つまりブロック1の m 行目の $k(m-1)+1$

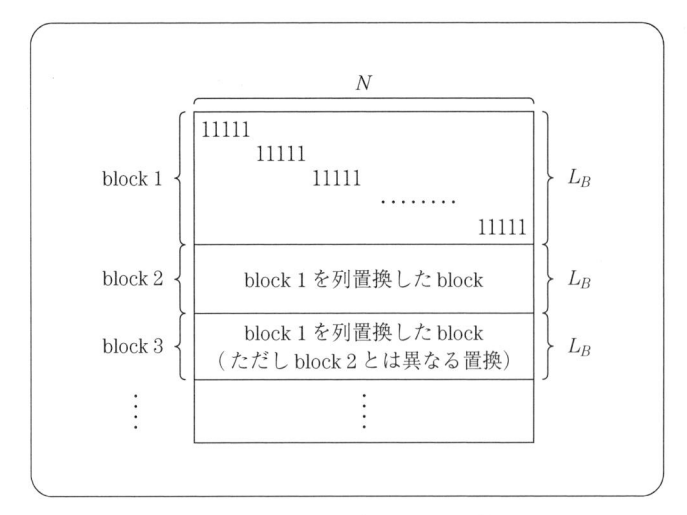

```
                    ┌─────────── N ───────────┐
         ┌  11111
         │      11111
 block 1 ┤           11111                       ⎫ L_B
         │              ........
         └                    11111              ⎭
         ┌  ┌─────────────────────────────┐
 block 2 ┤  │ block 1 を列置換した block    │     ⎫ L_B
         └  └─────────────────────────────┘
         ┌  ┌─────────────────────────────┐
 block 3 ┤  │ block 1 を列置換した block    │     ⎫ L_B
         └  │ （ただし block 2 とは異なる置換）│
            └─────────────────────────────┘
          ⋮              ⋮
```

図 7.12　Gallager によるレギュラ LDPC 符号の構成法

番目の列から km 番目の列まで 1 が連続して配置される．block $2, 3, \cdots, j$ についても同様に 1 を連続して配置する．block 2 以降にブロックは block 1 の配置後，それぞれ独立に列置換を行い各ブロックを組み合わせる．このとき，ブロック数は列重みに等しく，各ブロックの大きさ L_B は $L_B = N/k$ により与えられる．

一方，確定的構成法では，疎な検査行列を規則的に構成する．ランダム構成法では，通常，符号器，復号器において検査行列をすべて記憶しておく必要があるのに対し，確定的構成法では，検査行列を規則的に構成するため記憶しておく必要がない．また，その規則性を利用することにより高速かつ簡単な符号器，復号器を構成することが可能となる．確定的構成法には，置換行列に基づくアレー LDPC 符号や準巡回符号などの巡回符号に基づく LDPC 符号など，さまざまな構成法がある．通信や放送では，確定的構成法に基づく LDPC 符号が用いられている．

7.9.4　sum-product 復号法

sum-product 復号法は，以下に示す基本復号処理を何度も反復して行う反復形のアルゴリズムである．タナーグラフ上でのメッセージパッシングアルゴリズムとみることができる．情報の確からしさを事後確率（APP），APP 比，APP 比の対数である対数尤度比（LLR）などの形で更新・交換するアルゴリズムとみることができる．各変数ノード，チェックノードにおいて，メッセージと呼ばれる実数値を計算し，それらをエッジを通して接続するノードに伝達する．各ノードは，受け取った複数メッセージに基づき再びメッセージを計算する．変数ノードでは，チェックノードから送られてきたメッセージに対し，送り

先のチェックノードからのメッセージを除いた積を計算し，送り先のチェックノードに返す．チェックノードでは，変数ノードから送られてきたメッセージに対し，送り先の変数ノードからのメッセージを除いた積和を計算し，送り先の変数ノードに返す．

このメッセージの伝達を十分に行うことにより，各ビットの事後確率に関するLLRの近似値を得る．十分な伝達後，最終的に得られた近似対数事後確率比に基づき，送信ビット系列を推定する．自分以外のすべてのビットの情報を独立に受け取ることができる場合，すなわちグラフが木グラフである場合のみ正確な事後確率を計算し，MAP復号を実現する．

7.10 自動再送要求

自動再送要求（ARQ）は，誤り制御技術の一つであり，誤り検出符号などを用いて伝送路での誤りを検出し，送信側にデータの再送を要求する．再送要求法には，ACK（acknowledgment）信号やNACK（negative acknowledgment）信号を帰還通信路によって返す方法や，送信後，一定時間内にACK信号を受け取らない場合に再送するタイムアウト法などがある．ARQは符号や伝送制御プロトコルが簡易なため，現在，データ通信で一般に用いられている．

7.10.1　stop-and-wait 方式

stop-and-wait方式は，1ブロック送信ごとに，受信機からのACK信号が返信されるまで次のブロックの送信を待機させる方式である（図7.13）．ACK信号が受信されなかった

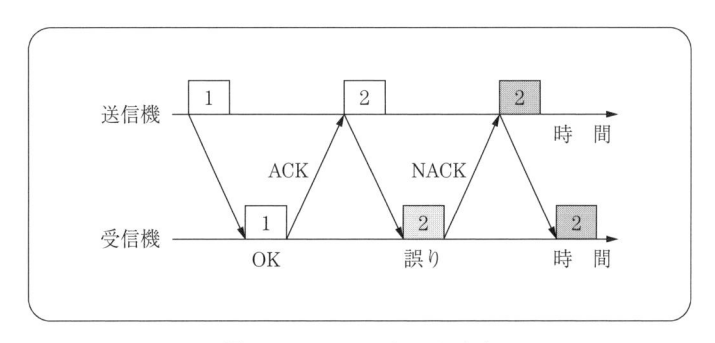

図7.13　stop-and-wait方式

場合，タイムアウト法により送信ブロックを再送する．また，NACK 信号を用いる場合もある．制御プロトコルは簡単であり，1 回線でも送受信可能であるが，ブロック送信ごとに待機時間を費やすため伝送効率は低い．

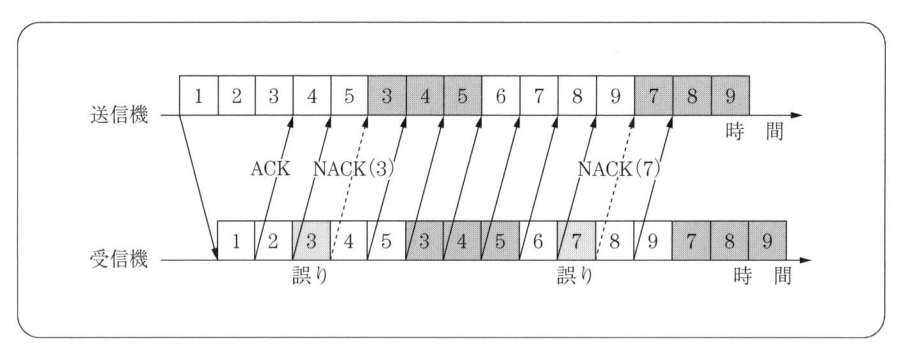

7.10.2　go-back-N 方式

go-back-N 方式は，stop-and-wait 方式と異なり，送信機が最大 N 個までのブロックを，ACK 信号を待たずに連送できるようにした方式である（図 7.14）．連送を可能にするため，各ブロックにシーケンス番号を付与し，送受信機間でこの番号確認を行う．また，ACK/NACK 信号に，次に送信すべきブロックのシーケンス番号を含める．これにより，それまでに伝送されたブロックの ACK 情報を一括して返送することができる．この方式で，連送ブロックの最初のブロックが誤った場合，N 個すべての再送が必要となる．これがこの方式の名前の由来である．この方式では，正しく受信されたブロックも最大 $N-1$ 個捨てられてしまうため，回線の品質（誤り率，遅延時間）を考慮して適切な N を設定する必要がある．

図 7.14　go-back-N 方式

7.10.3　selective-repeat 方式

selective-repeat 方式は，go-back-N 方式を改良した方式である（図 7.15）．go-back-N 方式と異なる点は，誤ったブロックのみ選択的に再送する点である．そのため，go-back-N 方式に比べ，伝送効率を大きく改善することができる．しかし，同じブロックが繰り返し誤り再送要求された場合，無限大のバッファが必要となってしまう．このような場合，通常の伝送時には selective-repeat 方式を用い，誤りがある一定回数以上続いた場合，go-back-N 方式に切り換える混合方式が有効である．

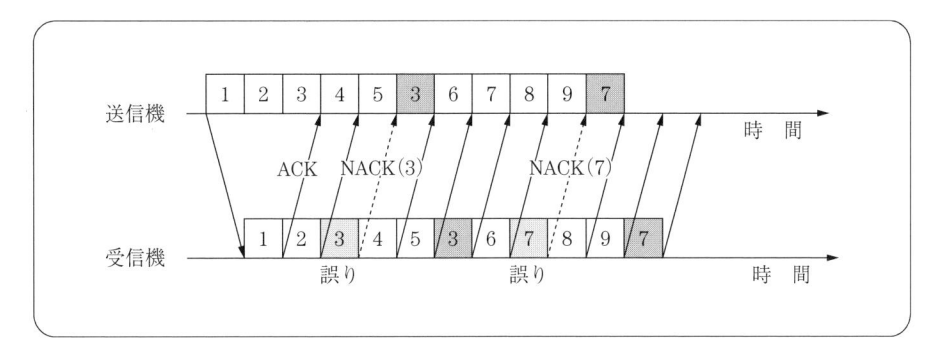

図 7.15 selective-repeat 方式

7.10.4　ハイブリッド ARQ 方式

ハイブリッド ARQ 方式は，ARQ 方式と FEC 方式を併用した誤り制御方式である．ハイブリッド ARQ 方式には，三つのタイプがある．

タイプ I ハイブリッド ARQ 方式は，最も簡単なハイブリッド ARQ 方式である．送信側では，誤り訂正及び誤り検出符号化を適用したブロックを送信する．受信側では，受信ブロックに対し，誤り訂正及び誤り検出を行う．誤りを検出した場合，ARQ 方式と同様に，ブロックの再送を要求する．初めに受信したブロックと再送時の受信ブロックを最大比合成（MRC）し，再び誤り訂正復号処理を行う．この処理はチェイス（Chase）合成と呼ばれる．比較的回線状態が悪い場合，誤り訂正能力により ARQ 方式よりも高い伝送効率を達成することができる．しかし，比較的回線状態が良好な場合，誤り訂正符号による冗長ビットのため，伝送効率が低下してしまう．

タイプ II ハイブリッド ARQ 方式では，誤り訂正及び誤り検出符号化したのち，用いる誤り訂正符号の種類により，情報と冗長ビットの一部，あるいは符号化ビットの一部を送信する．この処理はパンクチャリング（間引き）処理と呼ばれ，元の情報が取り出せる程度まで，ビットを間引く処理を行う．誤りを検出した場合，未送信の冗長ビットあるいは符号化ビット，すなわちパンクチャリング処理をしたビットを送信する．受信側では，既に受け取ったものと合わせて再び誤り訂正復号および誤り検出を行う．これらの処理は IR (incremental redundancy) 法と呼ばれている．この方式は，タイプ I のハイブリッド ARQ 方式に比べ，誤り検出時の送信データ量を減らすことができるため伝送効率を改善することができる．また，再送ブロックとの合成により符号化利得が向上するため，大きな誤り訂正能力を実現する．

タイプ III ハイブリッド ARQ 方式はタイプ II ハイブリッド ARQ 方式のうち各送信ブロックがそれだけで復号可能な場合である．

本章のまとめ

❶ **ハミング距離**　二つの系列間の相異なるビット数

❷ **体**　四則演算が定義され閉じている集合

❸ **ガロア体**　有限個の元からなる体（有限体）

❹ **線形符号**　符号長が n の符号語を n 次元空間の点と考えたとき，線形空間をなす符号．誤り訂正符号の多くは線形符号である．

❺ **最小距離**　誤り訂正符号の符号語間の距離の最小値．誤り訂正能力を定める重要なパラメータ

❻ **ブロック符号**　ブロック単位で独立に情報と符号語が対応する符号

❼ **生成行列**　線形符号の基底に含まれる各符号語を行として並べた行列

❽ **検査行列**　符号語が満たす拘束条件を行列表現したもの．生成行列により決まる．符号 C の検査行列は，C と直交する集合である C の双対符号の生成行列と等しい

❾ **ハミング符号**　以下のような符号パラメータをもつ (n, k) 線形ブロック符号
　　ブロック長：$n = 2^m - 1$，情報ビット長：$k = 2^m - m - 1$，パリティビット長：$n - k = m$, $m \geq 3$

❿ **巡回符号**　線形符号の一種であり，符号語 $C = [c_0\ c_1\ \cdots\ c_{n-2}\ c_{n-1}]$ が与えられたとき，その巡回置換 $C' = [c_{n-1}\ c_0\ \cdots\ c_{n-3}\ c_{n-2}]$ もまた符号語となる符号

⓫ **BCH 符号**　$\{\alpha, \alpha^3, \cdots, \alpha^{2t-1}\}$ の t 個の元を根としてもつ最小多項式を生成多項式とする符号．$t = 1$ の BCH 符号はハミング符号

⓬ **リード・ソロモン符号**　符号を構成するシンボルが，α が定義されるガロア拡大体 $GF(2^m)$ の元である BCH 符号．シンボル単位で誤りを訂正する符号

⓭ **畳込み符号**　過去のビットを用いて現時点での符号化ビットを得る，情報系列と符号系列の対応が逐次的な符号

⓮ **トレリス線図**　符号器の状態と，各入力に対する符号器の状態遷移及び対応する出力を表した図

⓯ **ビタビ復号**　例えば畳込み符号に対し，符号の拘束条件を用いて最尤復号を効率良く実行する復号法

⓰ **連接符号**　独立した複数の符号器を接続して構成される符号．例えば，内符号を二元 (n, k) 符号 C_i，外符号を 2^k 元 (N, K) 符号 C_o とし，外符号器出力を内符号器で符号化して符号語を得る．

⓱ **最大事後確率復号**　ある受信語 y に対し，それが受信されたという条件の下で，

送信語 w の条件つき確率 $P(w|y)$ が最大となる符号語 w が送られたと判定する復号．復号誤り率が最小となる．

⑱ **最尤復号** ある受信語 y に対し，送信語 w で条件づけした受信語の条件つき確率 $P(y|w)$ を最大とする符号語 w が送られたと判定する復号．すべての送信語の事前確率（生起確率，送信確率）$P(w)$ が等しいなら，最大事後確率復号と等価となる．

⑲ **ターボ符号** 理論限界（シャノン限界）に近い特性を，現実的な演算量で実現する符号．1993 年に Berrou らによって提案され，現在，衛星通信，移動通信，光ファイバ通信など多くの分野で用いられている，あるいは使用が検討されている．並列連接畳込み符号（PCCC）とも呼ばれる．符号器の基本構成は，複数の要素符号器と，要素符号器間に配置されるインタリーバから成る．

⑳ **低密度パリティ検査符号** 1960 年代に Gallager により提案された誤り訂正符号．多くの 0 とわずかな 1 から成る疎なパリティ検査行列 H で定義される線形ブロック符号で，sum-product 復号法と呼ばれる反復復号を用いることで，シャノン限界に非常に近い特性を達成する．

㉑ **sum-product 復号** グローバル関数の周辺化演算をメッセージ交換で行うアルゴリズムである sum-product アルゴリズムを用いた復号法．LDPC 符号の復号アルゴリズムとしても用いられる．

㉒ **内径** 始点のノードへ各エッジを一度しか通過せずに戻ってくるパス（エッジの連なり）であるループの最小値

㉓ **自動再送要求** 誤り検出符号などを用いて伝送路での誤りを検出し，送信側にデータの再送を要求する誤り制御技術の一つ

㉔ **stop-and-wait 方式** 1 ブロック送信ごとに，受信機からの ACK 信号が返信されるまで次のブロックの送信を待機させる ARQ 方式．ACK 信号が受信されなかった場合，タイムアウト法により送信ブロックを再送する．NACK 信号を用いる場合もある．

㉕ **go-back-N 方式** 送信機が最大 N 個までのブロックを，ACK 信号を待たずに連送できるようにした ARQ 方式

㉖ **selective-repeat 方式** 誤ったブロックのみ選択的に再送する ARQ 方式

㉗ **ハイブリッド ARQ 方式** ARQ 方式と FEC 方式を併用した誤り制御方式．初回送信時及び再送時のデータとその処理方法により，三つのタイプに大別される．

㉘ **チェイス合成** ARQ 方式において，初めに受信したブロックと再送時の受信ブロックを最大比合成（MRC）し，再び誤り訂正復号処理を行う方法

㉙ **IR 法** ARQ 方式において，誤りを検出した場合，未送信の冗長ビットあるいは符号化ビットを送信し，受信側では，既に受け取ったものと合わせて再び誤り訂正復号および誤り検出を行う方法．

――――●理解度の確認●――――

問 7.1 α を $GF(2^m)$ の原始元とし，$n=2^m-1$ とおく．$GF(2^m)$ の $n-1$ 次以下の多項式 $W(x)$ が $\alpha, \alpha^2, \cdots, \alpha^{n-k}$ を根として持つとき，$W(x)$ の RS 符号の生成多項式としての性質を述べよ．

問 7.2 ビタビ復号は，最尤復号を簡易に実現することを説明せよ．

問 7.3 最尤復号（ML 復号）は，すべての送信語の事前確率（生起確率，送信確率）が等しいとき，最大事後確率復号（MAP 復号）と等価となることを示せ．

問 7.4 衛星通信で selective-repeat 方式を用いた場合の問題点とその解決方法を述べよ．

8 MIMO

　MIMO（multiple-input multiple-output あるいは multi-input multi-output）は，多入力・多出力システムの総称である．無線通信分野ではマイモまたはミモと呼び，送受信双方に複数のアンテナを用いて，高速・大容量な情報伝送を行う技術のことを指す．MIMO を用いると帯域や送信電力を増すことなく（ハードウェアと信号処理の複雑さは増すが），高い伝送速度を実現することができる．そのため，次世代の無線 LAN や携帯電話では必須の技術である．MIMO の基本的な概念は，時空間信号処理を用いて，MIMO 通信路の品質（誤り率・伝送レート）が改善されるように，送受信アンテナ端での信号を結合することである．また，従来無線通信にとって問題視されていたマルチパス伝搬を，うまく利用している点にある．

　本章では，MIMO 通信路モデルについて説明したのち，伝送レートの改善を目的とした MIMO 伝送法と，信頼度の改善を主目的とした MIMO 伝送法について説明する．

8.1 MIMO通信路モデル

図 8.1 に MIMO 伝送方式の基本構成を示す．本節では，送信アンテナ数 N，受信アンテナ数 M からなる MIMO システムを考える．なお，特に断らない限り，信号帯域幅が通信路のコヒーレント帯域幅より狭いフラットフェージング通信路，すなわち周波数非選択性通信路を仮定する．時刻 t，信号 $c_{t,n}$，$n=1, 2, \cdots, N$ が，各送信アンテナから同時に送信されるとする．各アンテナからの送信信号は，それぞれ独立なパスを通り，受信機に到達すると仮定する．各受信アンテナでの受信信号は，各パスで独立なフェージングを受けた各送信信号と雑音の重ね合わせとなる．送信アンテナ n から受信アンテナ m へのパス利得を $h_{m,n}$ と表すとする．時刻 t，受信アンテナ m での受信信号は次式で表される．

$$r_{t,m} = \sum_{n=1}^{N} h_{m,n} c_{t,n} + \eta_{t,m} \tag{8.1}$$

ここで，$\eta_{t,m}$ は，時刻 t，受信アンテナ m での雑音標本である．

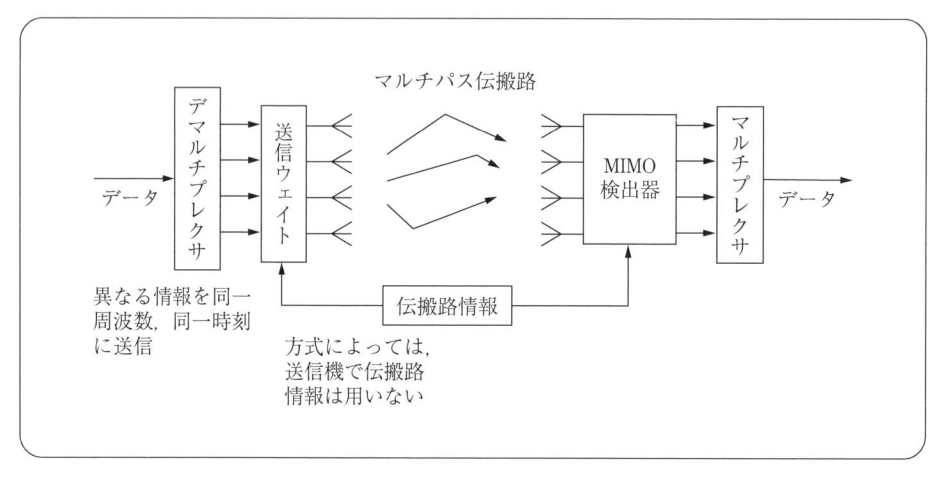

図 8.1 MIMO 伝送方式の基本構成

本章では，パス利得を独立複素ガウス不規則変数でモデル化する．すなわち，パス利得の実部と虚部をガウス不規則変数でモデル化する．したがって，パス利得の包絡線分布がレイリー分布に従うレイリーフェージング通信路である．ここで，実部と虚部が平均値 0，分散

0.5 であるとする．

$$\mathrm{Var}[\mathrm{Re}\{h_{m,n}\}]=\mathrm{Var}[\mathrm{Im}\{h_{m,n}\}]=0.5 \tag{8.2}$$

このとき，$E[|h_{m,n}|^2]=1$ であり，この正規化は送信信号の電力には影響を与えないことに注意する．

パス利得の時間方向の相関に関しては，一般に以下の二つの環境が多く検討されている．一つは，準静的な環境であり，フレーム内でパス利得が一定で，フレーム間で独立に変化する環境である．もう一つは，隣接標本間のフェージング相関を考慮する場合であり，そのようなモデルの一つに Jakes モデルがある．また，理想的な通信路インタリーバを想定し，隣接標本間のフェージング相関が 0 の環境を検討する場合もある．このような環境は，高速フェージング環境と呼ばれる．

T シンボル時間に N 本のアンテナから送信される信号を $N\times T$ 行列 C と表す．

$$C=\begin{bmatrix} s_{1,1} & s_{1,2} & \cdots & s_{1,T} \\ s_{2,1} & s_{2,2} & \cdots & s_{2,T} \\ \vdots & \vdots & \ddots & \vdots \\ s_{N,1} & s_{N,2} & \cdots & s_{N,T} \end{bmatrix} \tag{8.3}$$

同様に，T シンボル時間の受信信号を $M\times T$ 行列 r と表す．

$$r=\begin{bmatrix} r_{1,1} & r_{1,2} & \cdots & r_{1,T} \\ r_{2,1} & r_{2,2} & \cdots & r_{2,T} \\ \vdots & \vdots & \ddots & \vdots \\ r_{M,1} & r_{M,2} & \cdots & r_{M,T} \end{bmatrix} \tag{8.4}$$

また，パス利得を $M\times N$ 行列 H と表す．

$$H=\begin{bmatrix} h_{1,1} & h_{1,2} & \cdots & h_{1,N} \\ h_{2,1} & h_{2,2} & \cdots & h_{2,N} \\ \vdots & \vdots & \ddots & \vdots \\ h_{M,1} & h_{M,2} & \cdots & h_{M,N} \end{bmatrix} \tag{8.5}$$

以上の行列を用いると，準静的な環境での受信信号は次式のように表される．

$$r=HC+Z \tag{8.6}$$

ここで，Z は，次式で定義される $M\times T$ 雑音行列である．

$$Z=\begin{bmatrix} \eta_{1,1} & \eta_{1,2} & \cdots & \eta_{1,T} \\ \eta_{2,1} & \eta_{2,2} & \cdots & \eta_{2,T} \\ \vdots & \vdots & \ddots & \vdots \\ \eta_{M,1} & \eta_{M,2} & \cdots & \eta_{M,T} \end{bmatrix} \tag{8.7}$$

8.2 MIMO通信路の並列伝送路表現

いま，チャネル行列 H が送受信機で既知であり，その階数（ランク）を L と表すとする．MIMO通信路は，L 本の並列空間通信路ととらえることができる．チャネル行列 H は，特異値分解（singular value decomposition：SVD）を用いて

$$H = V_L \Sigma U_L^H \tag{8.8}$$

のように表される．U_L は $H^H H$ の固有値分解で得られる N 次ユニタリ行列 U の第1列から第 L 列の列ベクトルで構成される $N \times L$ 行列である．

$$H^H H = U \Lambda U^H \tag{8.9}$$

ここで，Λ は $\mathrm{diag}(\lambda_1, \cdots, \lambda_L, 0, \cdots, 0)$ で表される N 次対角行列であり，λ_j は HH^H の第 j 固有値である．各固有値 λ_j には次式の関係が成り立つ．

$$\lambda_1 \geq \lambda_2 \geq \cdots \geq \lambda_L > \lambda_{L+1} = \cdots = \lambda_N = 0 \tag{8.10}$$

V_L は HH^H の固有値分解で得られる M 次ユニタリ行列 V の第1列から第 L 列の列ベクトルで構成される $M \times L$ 行列である．

$$HH^H = V \Lambda' V^H \tag{8.11}$$

ここで，Λ' は $\mathrm{diag}(\lambda_1, \cdots, \lambda_L, 0, \cdots, 0)$ で表される M 次対角行列であり，各要素は，

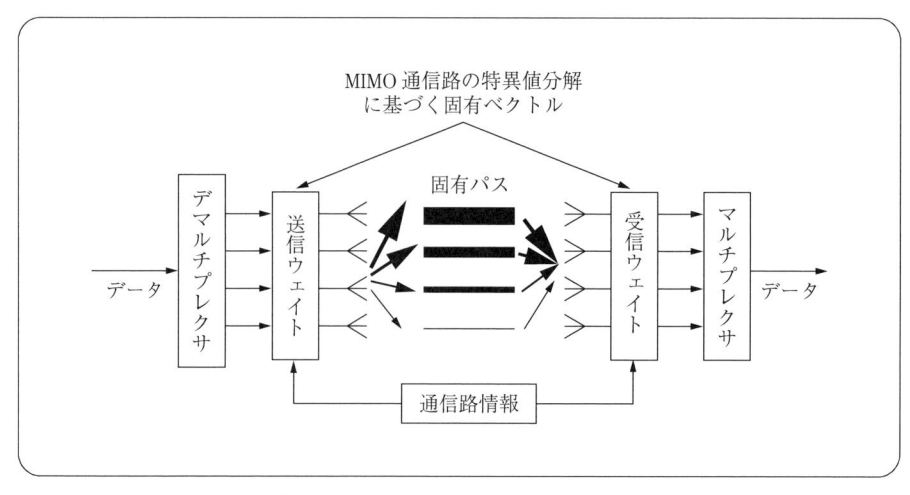

図8.2 特異値分解に基づくMIMO通信路の並列空間通信路表現

$H^H H$ の固有値と等しい．また，Σ は $\mathrm{diag}(\sqrt{\lambda_1}, \cdots, \sqrt{\lambda_L})$ の対角行列である．H の各要素が独立な複素ガウス変数である場合，$L = \min(M, N)$ が成立する．

式(8.8)からもわかるように，SVDを用いると，MIMOチャネルは図8.2のように独立な L 個の伝送路からなる通信路と等価である．SVDに基づく各等価伝送路を固有パスと呼ぶこともある．各固有パスの振幅利得（特異値）は $\sqrt{\lambda_i}$ であり，特異値の大きさ，すなわち固有値 λ_i の大きさに応じて異なる．このように，MIMOチャネルは，各パスの振幅利得は異なるものの，独立な L 個の信号を干渉なく送信する能力を持っている．この並列空間通信路を用いて独立な情報を送る概念が，空間多重（SM）である．また，SMによる伝送レートの増加（利得）を多重利得（multiplexing gain）と呼ぶ．

8.3 通信路容量

本節では，準静的ブロックフェージング通信路を仮定し，MIMO通信路の通信路容量を説明する．MIMO通信路の通信路容量に関して，以下の定理が示されている[3]．

定理2.1 式(8.5)で定義されるMIMO通信路の通信路容量（channel capacity）は，次式で示される不規則変数で与えられる．

$$C = \log_2\left[\det\left(I_M + \frac{\gamma}{N} HH^H\right)\right] = \sum_{i=1}^{L} \log_2\left(1 + \frac{\lambda_i \gamma}{N}\right) \quad [\mathrm{bps/Hz}] \tag{8.12}$$

ここで，I_M は $M \times M$ 単位行列，γ は総送信信号対雑音電力比（SN比）をそれぞれ表す．式(8.12)は，受信側のみが通信路状態情報（CSI）を持っている場合の通信路容量である．送信側・受信側の双方でMIMO通信路のCSIを共有している場合，MIMO通信路の通信路容量は次式で表される．

$$C = \sum_{i=1}^{L} \log_2(1 + \lambda_i \gamma_i) \quad [\mathrm{bps/Hz}] \tag{8.13}$$

$$\sum_{i=1}^{L} \gamma_i = \gamma \tag{8.14}$$

ここで，γ_i は i 番目の固有パスのSN比を表す．各固有パスには γ_i に比例する電力が配分されている．電力の最適配分はあとで説明する注水定理に従う．

8.4 空間フィルタリング

　MIMOでは，同じ時間に同じ周波数を用いて異なる情報を伝送することができる．受信機で受信した信号は，それぞれの信号が重なり合った，互いの干渉を受けた信号となっている．MIMOでは，この干渉を受けた信号を，伝搬路情報を用いて解きほどくことにより，それぞれの情報を分離・検出する．そのため，伝搬路状態（CSI）の把握が重要である．MIMOの信号検出法の一つに，受信信号に受信ウェイトを乗算して，情報系列を複数の伝送系列に分離・検出する方法がある．これは，図8.3に示すように，各受信信号に複素ウェイトを乗算する空間フィルタにより検出する．j番目の信号検出のための受信ウェイトを $w_j = [w_{j,1}, w_{j,2}, \cdots, w_{j,M}]^T$ とすると，空間フィルタ出力は次式で表される．

$$y(t) = W^T r(t) \tag{8.15}$$

ここで，ウェイト行列 W は次式で与えられる $M \times N$ 行列である．

$$W = [w_1 \; w_2 \; \cdots \; w_N] \tag{8.16}$$

　受信ウェイトの設計規範にはさまざまなものがある．ゼロフォーシング（zero-forcing：ZF）規範は，干渉信号を0とする規範，すなわち，所望波対干渉波電力比

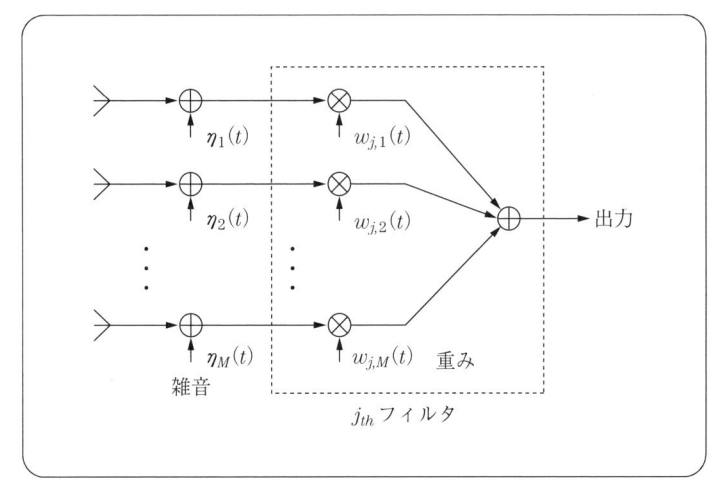

図8.3　空間フィルタ

(SIR) を最大化する規範である．しかし，雑音強調現象が見られるため，所望波対干渉波の雑音電力比（SINR）は劣化してしまう．平均二乗誤差最小化（minimum mean square error：MMSE）規範は，雑音を考慮したウェイトで，ZF に比べ高い SINR が得られる．以下では，ZF 規範，MMSE 規範について説明する．

8.4.1 ZF 規 範

干渉信号を 0 とするためには，受信ウェイトは次式の条件を満たす必要がある．

$$W^T H = I_N \tag{8.17}$$

よって，ZF 規範に基づく受信ウェイトは，次式に示すノルム最小形かつ最小二乗形である Moore-Penrose 一般逆行列となる．

$$W_z = H^+ = (H^H H)^{-1} H^H \tag{8.18}$$

ただし，H はフルランクであり，$\mathrm{rank}(H) = \min(N, M)$ である．また，$M \geq N$ とする．式(8.15)に W_z を代入すると次式となる．

$$y(t) = W_z^T r(t) = s(t) + W_z^T \eta(t) \tag{8.19}$$

この式から，干渉信号が 0 となり，各信号を分離検出できることがわかる．このときフィルタ出力に含まれる雑音は $W_z^T n(t)$ となる．$H^H H$ の行列式が小さい場合，雑音電力が大きくなる雑音強調現象が生じる．

一方，$M < N$ の場合，Moor-Penrose 一般逆行列は

$$W_z = H^+ = H^H (H H^H)^{-1} \tag{8.20}$$

で与えられるように最小二乗解となり，完全に干渉信号を 0 とすることはできない．そのため，空間フィルタリングでは送受信アンテナ数が $M \geq N$ であることが求められる．

8.4.2 MMSE 規 範

MMSE 規範では，空間フィルタ出力と所望信号との平均二乗誤差を最小にするようなウェイトを算出する．その受信ウェイトは，次式で与えられるウィーナー解に等しい．

$$w_{t,j} = (E[r^*(t) r^T(t)])^{-1} E[r^*(t) s_j(t)] \tag{8.21}$$

ここで，各サブストリームと雑音，及び各ストリームどうしは無相関であると仮定する．このとき，MMSE 規範に基づくウェイトベクトル及びウェイト行列は次式で与えられる．

$$w_{t,j} = \left(H^* H^T + \frac{I_M}{\gamma_0/N}\right)^{-1} h_j^* \tag{8.22}$$

$$W_t = \left(H^* H^T + \frac{I_M}{\gamma/N}\right)^{-1} H^* \tag{8.23}$$

MMSE 規範では，ZF 規範に比べて高い SINR を得られる．

8.5 V-BLAST

空間フィルタリングは，図 8.3 に示すように，受信信号に受信ウェイトを乗算して，情報系列を複数の伝送系列に分離・検出する方法である．このとき，所望サブストリーム以外の信号は，空間的に除去される．しかし，分離・検出された信号には，他のサブストリームの信号が干渉として残留している．この残留成分を除去する方法として，CDMA と同様に，MIMO においても干渉除去技術が検討されている．干渉除去技術の代表例として，逐次型干渉除去（successive interference cancellation：SIC）である BLAST（Bell laboratories layered space-time）がよく知られている．BLAST の中でも，V-BLAST（Vertical BLAST）は，その簡易さから多くの検討がなされている．

図 8.4 に V-BLAST のブロック図を示す．V-BLAST では，空間フィルタリングにより信号を検出する．SIC と同様に，逐次的に検出・干渉除去をしていく．各ステージでは，一つのサブストリームのみ検出する．この検出したサブストリームと MIMO 通信路行列を用いて，検出信号のレプリカを生成する．受信信号から生成したレプリカを減算することによ

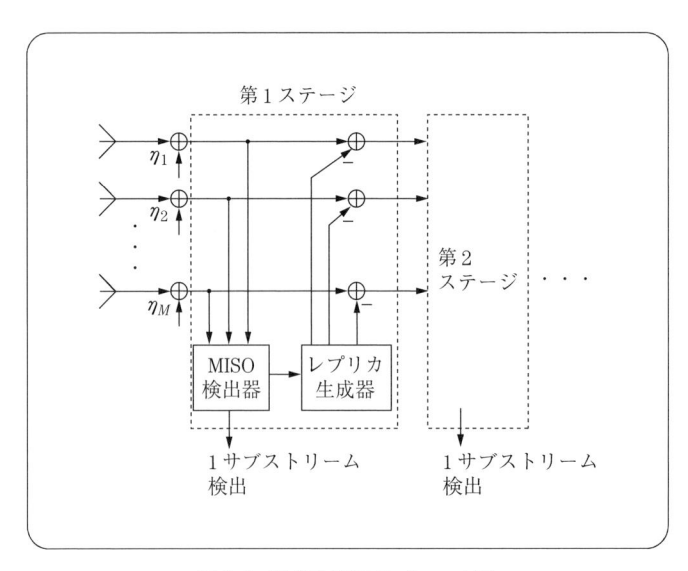

図 8.4　V-BLAST のブロック図

り，前ステージで検出したサブストリームの成分を除去することができる．レプリカ除去後のステージでは，干渉サブストリーム数が一つ減るので，余った自由度を受信SN比の改善に使用することができる．これらの処理を，すべてのサブストリームが検出されるまで繰り返す．V-BLASTの特性は，サブストリームの検出順序に大きく依存する．これは，V-BLASTが逐次形の干渉除去であるため，誤った検出信号を用いてレプリカを作成し，それを受信信号から除去すると，誤りが後段のステージに伝搬してしまうからである．一般に，各ステージで，SN比の最も高いサブストリームを検出する方法により，優れた検出特性を達成することができる．

8.6 最尤検出（MLD）

MIMOの信号検出法の一つである空間フィルタリングは，これまで述べたように，MIMOシステムを複数のSISOシステムに分離してから各ストリームの信号を検出する手法であった．一方，最尤検出（maximum likelihood detection：MLD）は，各ストリームの信号を同時に検出する手法である．

時刻t，変調多値数QのN個の送信シンボルからなる信号（送信信号ベクトル）$s(t)$の検出について考える．このとき，送信信号ベクトル$s(t)$は，Q^N通りが考えられる．受信信号ベクトルが$r(t)$であるとき，シンボル誤り率の点で最適な信号検出は，事後確率$P(\hat{s}_i(t)|r(t))$を最大とするシンボル$\hat{s}_i(t)$を推定する最大事後確率（MAP）推定である．すなわち，$r(t)$を受信したとき，最も送信されたのが確からしい$\hat{s}_i(t)$を推定することであり，これは推定問題そのものである．ここで，ベイズの定理を用いると，事後確率$P(\hat{s}_i(t)|r(t))$を次式のように変形できる．

$$P(\hat{s}_i(t)|r(t)) = P(r(t)|\hat{s}_i(t))\frac{P(\hat{s}_i(t))}{P(r(t))} \tag{8.24}$$

このとき，$P(r(t))$はすべての送信信号候補によらず一定である．事前確率$P(\hat{s}_i(t))$が各信号ベクトルで等しいとき，$P(\hat{s}_i(t)|r(t))$を最大化することは，$P(r(t)|\hat{s}_i(t))$を最大化することと等しい．すなわち，受信機で$r(t)$を受ける確率が最も高くなるのは何を送ったときかを推定することである．MLDは，$P(r(t)|\hat{s}_i(t))$を最大化する信号ベクトルをQ^N個から選択する手法である．

雑音成分がガウス分布に従う場合について考える．送信信号ベクトル $\hat{s}_i(t)$ が送信されたときの雑音ベクトルを $\hat{\eta}_i(t)$ とすると，$\hat{\eta}_i(t)=r(t)-H\hat{s}_i(t)$ のガウス雑音が発生する確率密度は，次式の結合確率密度関数で与えられる．

$$p(\hat{\eta}_i)=\frac{1}{\det(\pi R_{\eta,i})}\exp(-\hat{\eta}_i^H R_{\eta,i}^{-1}\hat{\eta}_i) \tag{8.25}$$

ここで

$$R_{\eta,i}=E[\hat{\eta}_i\hat{\eta}_i^H]=E[\eta(t)\eta^H(t)]=2\sigma^2 I_M \tag{8.26}$$

を式(8.25)に代入すると次式が得られる．

$$p(\hat{\eta}_i)=\frac{1}{(2\pi\sigma^2)^M}\exp\left(-\frac{\hat{\eta}_i^H\hat{\eta}_i}{2\pi\sigma^2}\right)$$

$$=\frac{1}{(2\pi\sigma^2)^M}\exp\left(-\frac{\|r(t)-H\hat{s}_i(t)\|^2}{2\pi\sigma^2}\right) \tag{8.27}$$

式(8.27)の自然対数をとり，対数尤度を求める．

$$\log p(\hat{\eta}_i)=-M\log 2\pi\sigma^2-\frac{\|r(t)-H\hat{s}_i(t)\|^2}{2\pi\sigma^2} \tag{8.28}$$

各候補送信信号ベクトルで共通となる定数項や係数は省略しても最尤探索には影響しない．よって，MLDでは，受信信号ベクトル $r(t)$ と候補信号ベクトル $\hat{s}_i(t)$ の受信信号ベクトルレプリカ $H\hat{s}_i(t)$ の二乗ユークリッド距離

$$\|r(t)-H\hat{s}_i(t)\|^2 \tag{8.29}$$

を最小とする候補信号ベクトルを探索する．

MLDは，各送信信号ベクトルの事前確率が等しいとき，あるいは事前確率情報が得られないとき，MAP推定と等価となり最適な検出法である．しかし，MLDでは，式(8.29)の二乗ユークリッド距離の計算を，すべての候補信号ベクトル Q^N 個に対して行う必要がある．したがって，N が大きくなると，計算量は指数的に増加し，複雑度はZFやMMSE規範を用いる空間フィルタリングに比べて高くなる．そのためsphere decodingなどのMLDの簡略化検出法が多く報告されている．

8.7 固有モード伝送

特異値分解（SVD）を用いると，MIMO通信路は L 本の独立な並列空間通信路ととらえ

ることができる．$H^H H$ の L 個の固有ベクトル $U_L = (u_1 \cdots u_L)$ を送信ウェイトとして用いて L 本の送信ビームを形成し，HH^H の L 個の固有ベクトル $V_L = (v_1 \cdots v_L)$ のエルミート転置 V_L^H を受信ウェイトとして用いると，送受信ウェイトを含めた実効的なチャネルは

$$H_e = V_L^H H U_L = V_L^H V_L \Sigma U_L^H U_L = \Sigma \tag{8.30}$$

となる．上記の送受信ウェイトを用い，各ビームに各送信ストリームを対応させて送信すると，L 個の情報を同時に混信なく送信できる．この送信法を固有モード伝送または固有ビーム（固有モード）空間分割多重（eigenbeam (eigenmode)-SDM：E-SDM）という．

固有モード伝送では，各ストリームの送信電力を制御することができる．帯域幅及び送信電力一定の下で最大のチャネル容量を達成する電力配分法は，注水（water filling）定理として知られている．i 番目の固有モードに配分する電力を P_i，総送信電力を P_{total} とし，総送信電力 P_{total} の制限下で，電力配分 P_i の最適化について考える．ラグランジュの未定係数法を用いると，評価関数は次式となる．

$$J = \sum_{i=1}^{N} \log\left(\frac{P_i \lambda_i}{2\sigma^2} + 1\right) - a\left(\sum_{i=1}^{N} P_i - P_{\text{total}}\right) \tag{8.31}$$

$\partial J/\partial P_i = 0$ を解き，$P_i \geq 0$ であることを用いると，注水定理による最適電力配分 P_i は

$$P_i = \max\left(\frac{1}{a} - \frac{2\sigma^2}{\lambda_i},\ 0\right) \tag{8.32}$$

のように求められる．ここで，定数 a は

$$\sum_{i=1}^{N} P_i = P_{\text{total}} \tag{8.33}$$

の関係を満たすための定数である．また P_i と γ_i の間には次の関係が成り立つ．

$$P_i = \frac{\gamma_i}{\gamma} P_{\text{total}} \tag{8.34}$$

注水定理に基づく電力配分は，図 8.5 に示すように，深さが固有チャネルの SN 比の逆数 $2\sigma^2/\lambda_i$ に応じた入れ物に，決められた電力をポットの水に見立てて注ぎ，その水の配分量が配分する電力になることを意味している．

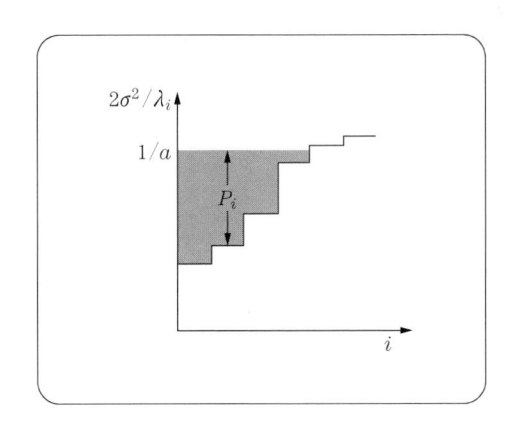

図 8.5 注水定理の概念

8.8 最大比合成伝送

固有モード伝送において，最大固有値の固有パスのみを用いて1送信ストリームを伝送する方法がある．最大固有値の固有パスのみを用いる送受信ウェイトは，最大SN比受信を実現するので，最大比合成伝送と呼ばれる．送受信ビームを最適に制御して伝送する方法であるので，ビームフォーミング伝送とも呼ばれる．最大固有値の固有パスのみを用いるのと，すべての固有パスを用いるのでは，どちらが優れているかは，伝送路によって決まる．

例題 8.1 最大比合成伝送の通信路容量を求めよ．

解答 固有モード伝送のように，送信側・受信側の双方でMIMO通信路のCSIを共有している場合，MIMO通信路の通信路容量は，次式で表される．

$$C = \sum_{i=1}^{L} \log_2(1+\lambda_i \gamma_i) \quad [\text{bps/Hz}], \quad \sum_{i=1}^{L} \gamma_i = \gamma$$

ここで，γ_i は i 番目の固有パスのSN比を表し，各固有パスには γ_i に比例する電力が配分される．最大比合成伝送は，最大固有値の固有パスのみを用いて1送信ストリームを伝送する方法であるので，全電力を最大固有パスに割り当てる．したがって，最大比合成伝送の通信路容量は次式のようになる．

$$C = \log_2(1+\lambda_1 \gamma) \quad [\text{bps/Hz}]$$

♠

8.9 時空間ブロック符号

時空間ブロック符号（space-time block codes：STBC）のおもな目的は，最大のダイバーシチ利得（フルダイバーシチ）と，できるだけ高いスループットを，低複雑度の復号法で得ることである．ここで，送信アンテナ数 N，受信アンテナ数 M のシステムにおける最大のダイバーシチ利得（フルダイバーシチ）は NM である．STBCは，符

号という名前がつくものの，一般には符号化利得を得ることを目的としたものではなく，多送信アンテナに対する変調とみることができる．

8.9.1 Alamouti の STBC

送信アンテナが $N=2$ 本の場合にフルダイバーシチを達成する手法として，Alamouti は STBC を提案した．例として，送信アンテナ数 $N=2$, 受信アンテナ数 $M=1$ のシステムについて，Alamouti の STBC を説明する．変調方式には，PAM，PSK，QAM などの，実数や複素数から成る信号点配置を持つ任意の変調方式を用いることができる．Alamouti の STBC では，二つのシンボルを 2 本のアンテナから，2 シンボル時間にわたって送信する．二つのシンボルとして s_1, s_2 を送信する場合，まずアンテナ 1 から s_1 を，アンテナ 2 から s_2 を，1 番目のシンボル時間にそれぞれ送信する．続くシンボル時間では，アンテナ 1 から $-s_2^*$ を，アンテナ 2 から s_1^* をそれぞれ送信する．ここで，s^* は s の複素共役を表す．Alamouti の STBC における送信符号語は，次式のように表される．

$$C = \begin{bmatrix} s_1 & -s_2^* \\ s_2 & s_1^* \end{bmatrix} \tag{8.35}$$

ここで，$C' \neq C$ である任意の符号語を考える．

$$C' = \begin{bmatrix} s_1' & -s_2'^* \\ s_2' & s_1'^* \end{bmatrix} \tag{8.36}$$

符号語 C, C' について，以下で定義される符号語差行列 $D(C, C')$ を考える．

$$D(C, C') = \begin{bmatrix} s_1'-s_1 & s_2^*-s_2'^* \\ s_2'-s_2 & s_1'^*-s_1^* \end{bmatrix} \tag{8.37}$$

このとき，符号語差行列 $D(C, C')$ の行列式 $\det[D(C, C')]$ は，$s_1'=s_1$ かつ $s_2'=s_2$ のときのみ 0 である．したがって，$C' \neq C$ であるとき $D(C, C')$ は常にフルランクであり，Alamouti の STBC は以下の階数（ランク）規範を満たす．

・階数（ランク）規範　フルダイバーシチを達成するには，すべての $C \neq C'$ に対して，符号語差行列 $D(C, C')$ はフルランクでなければならない．

一方，準静的フェージング環境における時空間符号（STC）の符号化利得に関する規範として，行列式（デターミナント）規範がある．

・行列式規範　高い符号化利得を達成するには，すべての $C \neq C'$ に対する符号語距離行列 $A(C, C') = D(C, C')D(C, C')^H$ の最小行列式を大きくしなければならない．

Alamouti の STBC における符号語距離行列は次式で表される．

$$A(C, C') = \begin{bmatrix} |s_1'-s_1|^2+|s_2'-s_2|^2 & 0 \\ 0 & |s_1'-s_1|^2+|s_2'-s_2|^2 \end{bmatrix} \qquad (8.38)$$

この式の符号語距離行列は，二つの等しい固有値を持つ．最小固有値は，信号点配置の最小二乗ユークリッド距離に等しい．したがって，AlamoutiのSTBCでは，異なる任意の二送信符号系列間の距離は，無符号化時と同じであることがわかる．このことから，AlamoutiのSTBCは，符号語距離行列の最小行列式が小さく，符号化利得がないことがわかる．なお，上記のダイバーシチ利得に関する階数規範と，符号化利得に関する行列式規範は，STBCだけでなく，準静的環境でのSTCの規範として有効である．そのため，時空間トレリス符号（space-time trellis codes：STTC）の設計規範としても有効である．

AlamoutiのSTBCは受信アンテナ数がMであるとき，ダイバーシチ次数$2M$を与える．上に示したように，AlamoutiのSTBCは，1シンボル時間当り1シンボルを送信する．これは，フルダイバーシチを達成する符号の最大送信可能シンボル数である．STBCが時間当り1シンボルを送信することができるとき，その符号をフルレートと呼ぶ．

次に，受信機での処理を考える．送信アンテナ1，2から受信アンテナまでの通信路応答を，それぞれh_1, h_2とし，STBCのブロックサイズ2シンボル時間にわたって，それぞれ一定であるとする．このようなフェージング通信路は，ブロックフェージング通信路と呼ばれる．2シンボル時間での受信信号r_1, r_2は，それぞれ次式のように表すことができる．

$$\left. \begin{array}{l} r_1 = h_1 s_1 + h_2 s_2 + \eta_1 \\ r_2 = -h_1 s_2^* + h_2 s_1^* + \eta_2 \end{array} \right\} \qquad (8.39)$$

送信信号ベクトルを$C=(s_1, s_2)^T$，受信信号ベクトルを$r=(r_1, r_2^*)^T$，雑音ベクトルを$\eta=(\eta_1, \eta_2^*)^T$と表すと，上式は仮想通信路行列$H$を用いて，行列形式で表される．

$$r = HC + \eta \qquad (8.40)$$

ここで，Hは次式で定義される．

$$H = \begin{bmatrix} h_1 & h_2 \\ h_2^* & -h_1^* \end{bmatrix} \qquad (8.41)$$

受信機で通信路応答h_1, h_2が既知であるとき，一般の最尤検出は，以下の尤度を最小にするs_1, s_2を，すべての取り得る符号語に対して探索することに相当する．

$$|r_1 - h_1 s_1 - h_2 s_2|^2 + |r_2 + h_1 s_2^* - h_2 s_1^*|^2 \qquad (8.42)$$

すなわち次式に相当する．

$$\hat{C} = \arg\min_{C} \|r - HC\|^2 \qquad (8.43)$$

しかし，その複雑度は，送信アンテナ数が増すにつれ，指数関数的に増加する．AlamoutiのSTBCは，受信信号に対して以下の簡単な線形演算を行うことにより，各送信

アンテナからの信号を分離することができる．

$$\left. \begin{array}{l} \tilde{s}_1 = h_1^* r_1 + h_2 r_2^* \\ \tilde{s}_2 = h_2^* r_1 - h_1 r_2^* \end{array} \right\} \tag{8.44}$$

受信機は，この分離された信号 $\tilde{s}_1$, $\tilde{s}_2$ に対し最尤検出を行う．この分離処理は，仮想通信路行列 H の直交性に基づいている．すなわち $H^H H = \rho I$ を用いている．ここで，$\rho = |h_1|^2 + |h_2|^2$ である．すなわち

$$\tilde{s} = H^H r = \rho C + \bar{\eta} \tag{8.45}$$

ここで，$\bar{\eta} = H^H \eta$ である．式(8.42)は，次式のように表現することができる．

$$\hat{C} = \arg \min_C \| H^H r - \rho C \|^2 \tag{8.46}$$

上記の演算により，受信機の複雑度は，送信アンテナ数に対し線形になる．$z = (z_1, z_2) = H^H r$ の各要素 z_i に対する SN 比は，次式のように表される．

$$\text{SN 比} = \frac{\rho E_s}{N_0} \tag{8.47}$$

この式からも，Alamouti の STBC は 2 ブランチダイバーシチの特性，すなわちダイバーシチ利得 2 を達成することがわかる．

受信アンテナ数が複数の場合，最大比合成（MRC）を用いる．すなわち，上記の式(8.43)は，次式に示すように，それぞれ受信アンテナにわたる総和になる．

$$\hat{C} = \arg \min_C \sum_{m=1}^{M} \| H_m^H r_m - \rho C \|^2 \tag{8.48}$$

ここで，添え字 m は，m 番目の受信アンテナを表す．

なお，Alamouti の STBC では，送信機では通信路情報を用いないため，送信電力は送信アンテナ間で等分される．そのため，総送信電力が一定の場合，送信アンテナ数 $N=1$，受信アンテナ数 $M=2$ のシステムで MRC を用いる場合と比較すると，3 dB の劣化が生じる．

また，先に示したように，Alamouti の STBC ではダイバーシチ利得しか得られず，符号化利得は得られない．そのため，符号化利得を得るために，外符号に誤り訂正符号を連接する報告が多く見られる．このとき，誤り率は二乗ユークリッド距離に依存するため，AWGN 通信路に適した誤り訂正符号を用いることができる．しかし，誤り訂正符号と STBC との連接は，伝送レートの低下を生じる．この問題に対する有効な方式として，Alamouti の STBC とトレリス符号化変調（TCM）や畳込み符号を連接する方式が報告されている．

8.9.2 他の STBC

STBC の，送信アンテナ数 $N>2$ への拡張が，Tarokh らや Ganesan により検討されている．Alamouti の STBC と同様に，フルダイバーシチかつ受信機での線形演算による信号分離及び最尤検出の特徴を有する STBC の設計法が，送信アンテナ数 $N>2$ の場合に報告されている[7]．また，例えば PAM のような実数信号点配置を持つ変調方式に対して，フルレートの STBC が報告されている[7]．しかし，Alamouti の STBC のように直交性を満たす仮想通信路行列（伝送路行列），すなわち直交設計を満たす正方行列は，実数信号点配置から成る変調方式に対しては，送信アンテナ数が $N=2, 4, 8$ のときのみにしか存在しないことが報告されている．

例題 8.2 送信アンテナ数 $N=2$ のシステムに対する，次式のような STC を考える．この STC の，ブロックフェージング通信路における特性を考察せよ．

$$C = \begin{bmatrix} s_t \\ s_t \end{bmatrix}$$

解答 この STC は，同じシンボル s_t を各送信アンテナから送信する．この STC の符号語差行列は次式のように表される．

$$D(C, C') = \begin{bmatrix} s'_t - s_t \\ s'_t - s_t \end{bmatrix}$$

明らかに，$D(C, C')$ の階数は 1 であり，符号語距離行列の階数も 1 である．符号語距離行列の階数 L が送信アンテナ数 N より小さい場合，すなわち符号語距離行列がフルランクでない場合，その STC が達成するダイバーシチ次数は LM である．ここで，M は受信アンテナ数である．したがって，この STC の特性は，送信ダイバーシチを用いないシステム（$N=1$）と等しいことがわかる． ♠

8.10 時空間トレリス符号

時空間トレリス符号（STTC）は，複数のアンテナから送信される信号間に時間的空間的相関を付加し，ダイバーシチ利得と符号化利得の両方を得ることを目的としている．

送信アンテナ数 N，受信アンテナ数 M の STTC システムを考える．まず，STTC で用

8.10 時空間トレリス符号

いる時空間トレリス符号器について説明する．図 8.6 に QPSK，4 状態時空間トレリス符号器を示す．QPSK，4 状態 STTC の場合，時刻 t で，情報ビット $a_t=(a_{1,t}, a_{2,t})$ が時空間トレリス符号器に入力され，生成行列 G の各行成分 G_i との積の和に modulo 4 をとったシンボル $(x_{1,t}, \cdots, x_{N,t})$ が符号器出力となる．これは次式のようになる．

$$(x_{1,t}, \cdots, x_{N,t}) = (a_{1,t}, a_{2,t}, a_{1,t-1}, a_{2,t-1}) \cdot G \tag{8.49}$$

したがって，出力符号語は次式のようになる．

$$(c_{1,t}, \cdots, c_{N,t}) = (z[x_{1,t}], \cdots, z[x_{N,t}]) \tag{8.50}$$

$$z[x] = \exp\left(j\frac{2\pi x}{4}\right) \tag{8.51}$$

N 個の出力符号語は，各送信アンテナから同時に送信される．

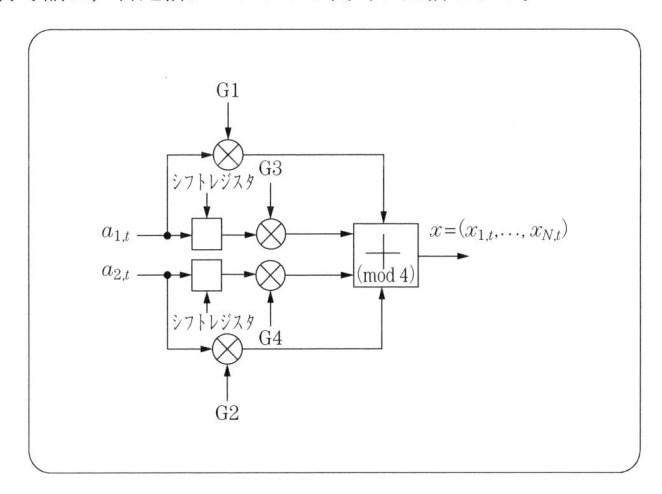

図 8.6 QPSK，4 状態時空間トレリス符号器

図 8.7(a) に QPSK の信号配置を，図(b)，(c) に QPSK，4 状態 STTC のトレリス遷移図をそれぞれ示す[7]．ここで QPSK，4 状態 STTC の生成行列 G は，次式で与えられる．

$$G = \begin{bmatrix} 0 & 2 \\ 0 & 1 \\ 2 & 0 \\ 1 & 0 \end{bmatrix} \tag{8.52}$$

図(b)のトレリス状態遷移図において，右側の送信シンボルは，状態 S_k からそれぞれ入力 0，1，2，3 に対応する出力を表す．ここで，出力 2 シンボルのうち，左側のシンボルを第 1 送信アンテナから，右側のシンボルを第 2 送信アンテナから，それぞれ送信する．

より詳しく説明するために，図(b)の一部（状態 $S_k=0$（$a_{1,t-1}=0$，$a_{2,t-1}=0$）からのトレリス遷移）を抜き出して図(c)に示す．図(c)のトレリス遷移は，シンボル 0（$a_{1,t}=0$，$a_{2,t}=0$）の入力シンボルに対し 00 を出力，すなわち第 1 送信アンテナから 0，第 2 送信ア

144　8.　MIMO

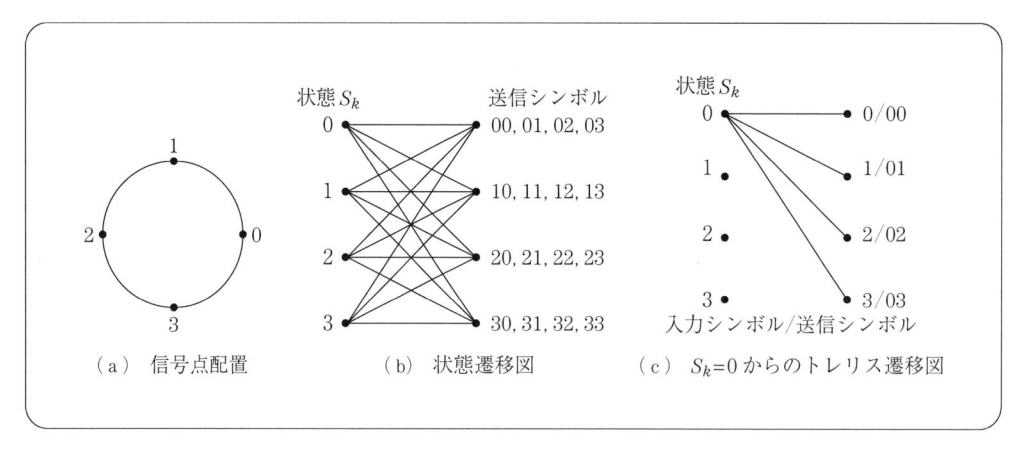

図 8.7　QPSK，4 状態 STTC[7]

(a) 信号点配置
(b) 状態遷移図
(c) $S_k=0$ からのトレリス遷移図

ンテナから 0 をそれぞれ送信することを示している．また，入力シンボル 1（$a_{1,t}=0$，$a_{2,t}=1$）に対し 01 を出力，すなわち第 1 送信アンテナからシンボル 0，第 2 送信アンテナからシンボル 1 をそれぞれ送信することを示している．同様に，入力シンボル 2（$a_{1,t}=1$，$a_{2,t}=0$）に対し，02 を出力（第 1 送信アンテナからシンボル 0，第 2 送信アンテナからシンボル 2 をそれぞれ送信），入力シンボル 3（$a_{1,t}=1$，$a_{2,t}=1$）に対し，03 を出力（第 1 送信アンテナからシンボル 0，第 2 送信アンテナからシンボル 3 をそれぞれ送信）する．

図 8.8 に，準静的フェージング通信路における階数（ランク）規範と行列式（デターミナント）規範の点で最適な送信アンテナ数 2，QPSK，4 状態 STTC のトレリス遷移図を示す．ここで，この QPSK，4 状態 STTC の生成行列 G は次式で与えられる．

$$G = \begin{bmatrix} 0 & 2 \\ 2 & 2 \\ 1 & 0 \\ 0 & 1 \end{bmatrix} \tag{8.53}$$

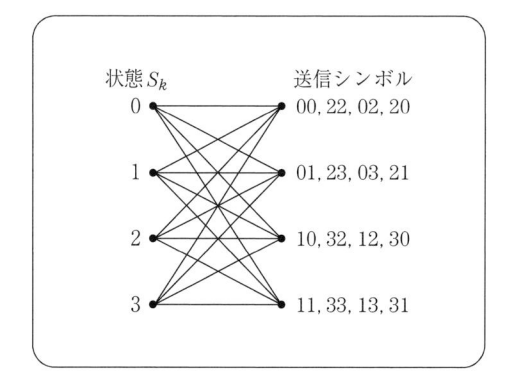

図 8.8　QPSK，4 状態 STTC[7] **状態遷移図**

8.10 時空間トレリス符号

図 8.9 に，送信アンテナ数 2，QPSK，8 状態 STTC[7] のトレリス遷移図を示す．ここで，この QPSK，8 状態 STTC の生成行列 G は，次式で与えられる．

$$G = \begin{bmatrix} 0 & 2 \\ 0 & 1 \\ 2 & 0 \\ 1 & 0 \\ 2 & 2 \end{bmatrix} \tag{8.54}$$

なお，下側の入力線に遅延素子が二つ存在し，入力 $(a_{1,t}, a_{2,t}, a_{1,t-1}, a_{2,t-1}, a_{2,t-2})$ との積をとる．

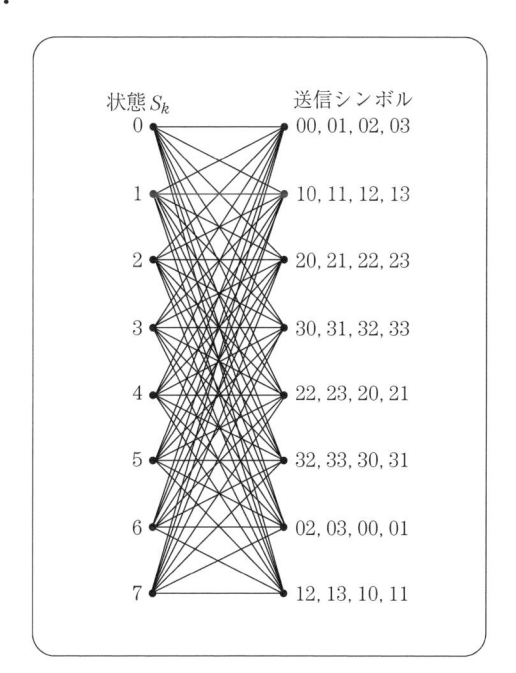

図 8.9 QPSK，8 状態 STTC[7] トレリス遷移図

状態 S_k	送信シンボル
0	00, 01, 02, 03
1	10, 11, 12, 13
2	20, 21, 22, 23
3	30, 31, 32, 33
4	22, 23, 20, 21
5	32, 33, 30, 31
6	02, 03, 00, 01
7	12, 13, 10, 11

図 8.10(a) に 8 PSK の信号配置を示し，図(b) に送信アンテナ数 2，8 PSK，8 状態 STTC[7] のトレリス遷移図を示す．ここで，この 8 PSK，8 状態 STTC[7] の生成行列 G は次式で与えられる．

$$G = \begin{bmatrix} 0 & 4 \\ 0 & 2 \\ 0 & 1 \\ 4 & 0 \\ 2 & 0 \\ 5 & 0 \end{bmatrix} \tag{8.55}$$

（a）8PSK 信号配置　　（b）送信アンテナ数 2，8PSK，8 状態 STTC[7] のトレリス遷移図

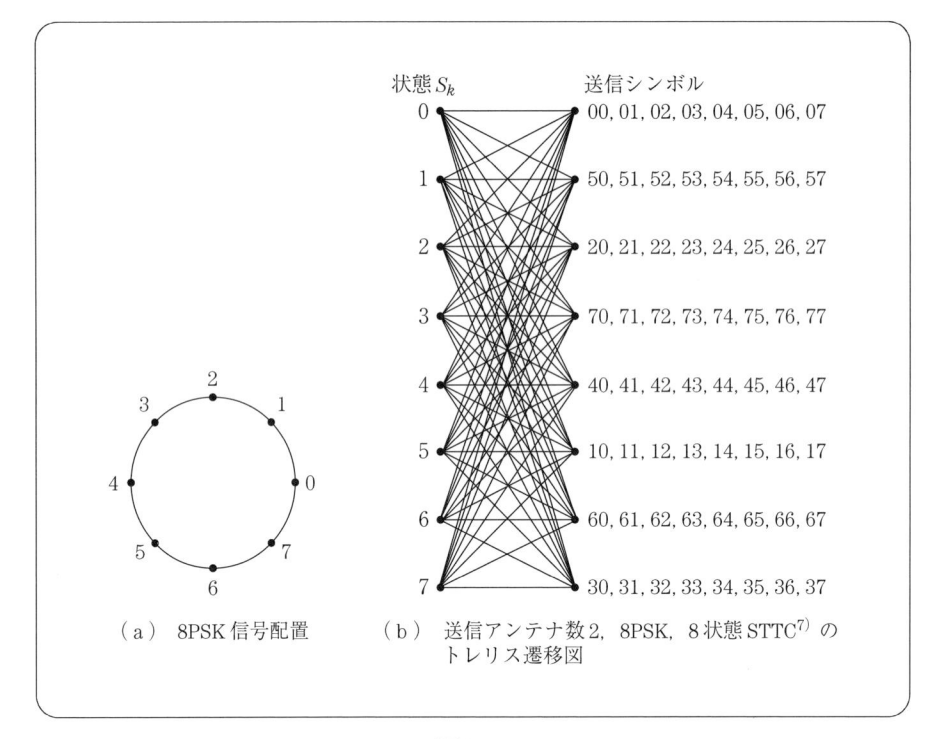

図 8.10

次に，STTC の復号について説明する．STTC の復号は，通常のトレリス符号化変調（TCM）と同様に，最尤（ML）復号を用い，その実行にはビタビアルゴリズムを用いる．例として，送信アンテナ数 $N=2$ の STTC において，状態 $S_0=0$ から出発し，$T+Q$ 時間スロット後に状態 $S_{T+Q}=0$ に合流するパスを考える．また，時間スロット $t=1, 2, \cdots, T+Q$ スロットで，受信アンテナ m にて $r_{m,1}, r_{m,2}, \cdots, r_{m,T+Q}$ を受信したと仮定する．このとき，時間スロット t，送信アンテナ 1，2 からの送信シンボルがそれぞれ s_1, s_2 に対応するブランチのブランチメトリックは次式で表される．

$$\sum_{m=1}^{M} |r_{m,t} - h_{m,1}s_1 - h_{m,2}s_2|^2 \tag{8.56}$$

ML 復号器は，このブランチメトリックに基づき各パスのパスメトリックを計算し，パスメトリックが最小となるパスを選択し復号する．ML 復号処理は次式で表される．

$$\hat{C} = \arg \min_{C} \sum_{t=1}^{T+Q} \sum_{m=1}^{M} |r_{m,t} - h_{m,1}c_{1,t} - h_{m,2}c_{2,t}|^2 \tag{8.57}$$

$$C = \{c_{1,1}, c_{2,1}, c_{1,2}, c_{2,2}, \cdots, c_{1,T+Q}, c_{2,T+Q}\} \tag{8.58}$$

8.10 時空間トレリス符号

本章のまとめ

❶ **MIMO** 多入力・多出力システムの総称である．無線通信分野ではマイモまたはミモと呼び，送受信双方に複数アンテナを用いて，高速・大容量の情報伝送を行う技術のことを指す．

❷ **周波数非選択性フェージング通信路（フラットフェージング通信路，一様フェージング通信路）** 信号帯域幅が通信路のコヒーレント帯域幅より狭く，信号帯域内の周波数伝達関数がほぼ一様となり，時間的に変化する通信路．マルチパス環境でも，パスの到来時間差が1シンボル長より十分短い場合に観測される．

❸ **周波数選択性フェージング通信路** 信号帯域幅が通信路のコヒーレント帯域幅より広く，信号帯域内の周波数伝達関数が一様ではなく，時間的に変化する通信路．マルチパス環境では，パスの到来時間差が1シンボル長と同程度以上の場合に観測される．

❹ **準静的フェージング通信路** フレーム内のパス利得が一定で，フレーム間では独立に変化する通信路．

❺ **高速フェージング通信路** 隣接標本間のフェージング相関が0の通信路．高速フェージング通信路を仮定する場合，理想的な通信路インタリーバを一般に想定する．

❻ **特異値分解（SVD）** 送信アンテナ数 N，受信アンテナ数 M の MIMO 通信路のパス利得を H とし，その階数を L とする．

$$H = \begin{bmatrix} h_{1,1} & h_{1,2} & \cdots & h_{1,N} \\ h_{2,1} & h_{2,2} & \cdots & h_{2,N} \\ \vdots & \cdots & \ddots & \vdots \\ h_{M,1} & h_{M,2} & \cdots & h_{M,N} \end{bmatrix}$$

この H を次式の形で表すことを特異値分解（SVD）という．

$$H = V_L \Sigma U_L^H$$

U_L は $H^H H$ の固有値分解で得られる N 次ユニタリ行列 U の第1列から第 L 列の列ベクトルで構成される $N \times L$ 行列である．

$$H^H H = U \Lambda U^H$$

ここで，Λ は $\mathrm{diag}(\lambda_1, \cdots, \lambda_L, 0, \cdots, 0)$ で表される N 次対角行列であり，λ_j は HH^H の第 j 固有値である．各固有値 λ_j には次式の関係が成り立つ．

$$\lambda_1 \geq \lambda_2 \geq \cdots \geq \lambda_L > \lambda_{L+1} = \cdots = \lambda_N = 0$$

V_L は HH^H の固有値分解で得られる M 次ユニタリ行列 V の第1列から第 L 列の

列ベクトルで構成される $M \times L$ 行列である．

$$HH^H = V\Lambda' V^H$$

ここで，Λ' は $\mathrm{diag}(\lambda_1, \cdots, \lambda_L, 0, \cdots, 0)$ で表される M 次対角行列であり，各要素は，$H^H H$ の固有値と等しい．また，Σ は $\mathrm{diag}(\sqrt{\lambda_1}, \cdots, \sqrt{\lambda_L})$ の対角行列である．H の各要素が独立な複素ガウス変数である場合，$L = \min(M, N)$ が成立する．

❼ **ユニタリ行列**　$U^* U = U\ U^* = I$ を満たす行列 U．U がユニタリ行列ならば $U^* = U^{-1}$ が成り立つ．

❽ **固有パス**　MIMO 通信路のパス利得 H に SVD を用いると，独立な L 個の伝送路から成る等価通信路が得られる．この SVD に基づく各等価伝送路のこと．各固有パスの振幅利得（特異値）は $\sqrt{\lambda_i}$ であり，特異値の大きさ，すなわち固有値 λ_i の大きさに応じて異なる．

❾ **多重利得**　空間多重（SM）による伝送レートの増加（利得）

❿ **空間フィルタリング**　受信信号に受信ウェイトを乗算して，情報系列を複数の伝送系列に分離・検出する方法

⓫ **固有モード伝送**　伝送路を特異値分解（SVD）し，送受信ウェイトを，各固有モードを実現する固有ベクトルとすると，固有値数分の並列伝送が可能になる．このような伝送方法のこと．

⓬ **固有ビーム（固有モード）空間分割多重（E-SDM）**　固有モード伝送と同じ

⓭ **最大比合成伝送（ビームフォーミング伝送）**　固有モード伝送において，一つの系列の情報を，最大固有値のパスのみに伝送する方式

⓮ **注水定理**　帯域幅及び送信電力一定の下で最大のチャネル容量を達成する電力配分法．i 番目の固有モードに配分する電力を P_i，総送信電力を P_{total} とし，総送信電力 P_{total} の制限下で，電力配分 P_i の最適化について考える．注水定理による最適電力配分 P_i は次式のように求められる．

$$P_i = \max\left(\frac{1}{a} - \frac{2\sigma^2}{\lambda_i},\ 0\right)$$

ここで，定数 a は

$$\sum_{i=1}^{N} P_i = P_{\mathrm{total}}$$

を満たすための定数である．

　注水定理に基づく電力配分は，深さが固有チャネルの SN 比の逆数 $2\sigma^2/\lambda_i$ に応じた入れ物に，決められた電力をポットの水に見立てて注ぎ，その水の配分量が配分する電力になることを意味する．

⑮ **V-BLAST**　　逐次形干渉除去（SIC）を用いた信号検出法．ストリーム数分のステージからなり，各ステージでは，1ストリームのみ検出する．第1ステージであるストリームを検出したのち，そのストリームのレプリカを作成し，受信信号から除去する．続くステージでは，検出済みのストリームが除去された受信信号から次のストリームを検出する．以後，すべてのストリームを検出するまで，この操作を繰り返す．

⑯ **時空間符号（space-time code）**　　時空間領域で信号を適切に事前処理（正負の反転，並び替え，複素共役など）して送信することにより，受信機において簡単な演算で空間あるいは時空間ダイバーシチを得る技術．STCには，ダイバーシチ利得を目的とする時空間ブロック符号（STBC）と，ダイバーシチ利得と符号化利得の両方を目的とする時空間トレリス符号（STTC）の2種類がある．STBC，STTCともにMIMOの特性を改善することができる．

⑰ **時空間ブロック符号（STBC）**　　多送信アンテナに対する時空間領域での変調．最大のダイバーシチ利得（フルダイバーシチ）と，できるだけ高いスループットを，低複雑度の復号法で得ることを目的とする．送信アンテナ数 N，受信アンテナ数 M のシステムにおける最大のダイバーシチ利得（フルダイバーシチ）は NM である．符号という名前がつくものの，一般には符号化利得を得ることを目的としたものではない．代表的なSTBCに，AlamoutiのSTBCがある．

⑱ **AlamoutiのSTBC**　　Alamoutiによって提案された送信アンテナが2本のシステムに対するSTBC．二つの情報シンボルを，受信機で簡単な線形演算でシンボル分離ができ，かつダイバーシチ利得が得られるように符号化（変調）し，2本のアンテナから，2シンボル時間にわたって送信する．1シンボル時間当り1シンボルを送信することができる．これは，フルダイバーシチを達成する符号の最大送信可能シンボル数である．受信アンテナ数が M であるとき，ダイバーシチ次数 $2M$ を与える．

⑲ **時空間トレリス符号（STTC）**　　ダイバーシチ利得と符号化利得の両方が得られるように，複数の送信アンテナから送信される信号間に時間的・空間的な相関を付加する時空間符号．

⑳ **階数（ランク）規範**　　STCがフルダイバーシチを達成するための規範．フルダイバーシチを達成するには，すべての $C \neq C'$ に対して，符号語差行列 $D(C, C')$ は，フルランクでなければならない．

㉑ **行列式（デターミナント）規範**　　準静的フェージング環境におけるSTCの符号化利得に関する規範．高い符号化利得を達成するには，すべての $C \neq C'$ に対する

符号語距離行列 $A(C, C') = D(C, C')D(C, C')^H$ の最小行列式を大きくしなければならない．

㉒ **フルダイバーシチ** 送信アンテナ数 N，受信アンテナ数 M のシステムにおいて，STC が最大のダイバーシチ NM を達成するとき，その STC をフルダイバーシチと呼ぶ．

㉓ **フルレート** STC が 1 シンボル時間当り 1 シンボルを送信することができるとき，その STC をフルレートと呼ぶ．

●理解度の確認●

問 8.1 固有モード伝送は，どのような環境に適した伝送法であるか説明せよ．

問 8.2 Alamouti の STBC は何を目的とした伝送法であるか説明せよ．

引用・参考文献

(1 章)

1) 情報理論とその応用学会 編：情報伝送の理論と方式の第 1 章情報伝送理論序論，情報理論とその応用シリーズ 5，培風館（2006）
2) T. S. Rappaport: Wireless Communications, Chapter 2 The Cellular Concept-System Design Fundamentals, Prentice Hall (1996)
3) 中川正雄 監修：パーソナル通信とコンシューマ通信，培風館（1994）

(2 章)

1) 進士昌明：無線通信の電波伝搬，電子情報通信学会（1992）
2) T. S. Rappaport: Wireless Communications, Chapter 3 Mobile Radio Propagation, Large-Scale Path Loss, Chapter 4, Small-Scal Fading and Multipath, Prentice Hall (1996)
3) 奥村善久，進士昌明 監修：移動通信の基礎，電子情報通信学会（1986）
4) R. Esmailzadeh and M. Nakagawa: Pre-Rake Diversity Combination for Direct Sequence Spectrum Mobile Communications Systems, IEICE Transactions on Communications, **E76-B**, 8, pp. 1008-1015, (Aug. 1993)

(3 章)

1) 情報理論とその応用学会編：情報伝送の理論と方式第 4 章変復調理論，情報理論とその応用シリーズ 5，培風館（2006）
2) スタイン，ジョーンズ（関 英雄 訳）：現代の通信回線理論，森北出版（1970）
3) 笹瀬 巌 監修：次世代ディジタル変復調技術，トリケップス，No. 161（1995）
4) T. S. Rappaport: Wireless Communications, Chapter 5 Modulation Techniques for Mobile Radio, Prentice Hall (1996)
5) 斉藤洋一：ディジタル無線通信の変復調，電子情報通信学会（1996）
6) K. Murota and K. Hirade: GMSK Modulation for Digital Mobile Radio Telephony, IEEE Transactions on Communications, **COM-29**, 7, pp. 1044-1050, (Jul. 1981)
7) Y. Akaiwa and Y. Nagata: Highly efficient digital mobile communications with a linear modulation method, IEEE J. Selected Areas Communications, **SAC-5**, (Jun. 1987)
8) W. C. Jakes: Microwave Mobile Communications, John Wiley & Sons (1974)
9) 笹岡秀一 編著：移動通信，オーム社（1998）

(4 章)

1) T. S. Rappaport: Wireless Communications, Chapter 8 Multiple Access Techniques for Wireless Communications, Prentice Hall (1996)

〔5 章〕

1) 情報理論とその応用学会編：情報伝送の理論と方式第10章スペクトル拡散変調とその応用，情報理論とその応用シリーズ5，培風館（2006）
2) 中川正雄 編著：スペクトル拡散通信の基礎と応用，トリケップス（1987.3）
3) 丸林元，中川正雄，河野隆二：スペクトル拡散通信とその応用，電子情報通信学会（1998.5）
4) T. S. Rappaport: Wireless Communications, Chapter 8 Multiple Access Techniques for Wireless Communications, Prentice Hall（1996）
5) E. A Sourour and M. Nakagawa: Performance of Orthogonal Multicarrier CDMA in Multipath fading channel, *IEEE Transactions on Communications*, (Mar. 1996)
6) K. Fazel and S. Kaiser: Multi-Carrier and Spread Spectrum Systems, John Wiley & Sons（Oct. 2003）
7) 中川正雄：OFDMとCDMAの融合方式，電子情報通信学会誌，**84-9**, pp. 643-648,（2001.9）
8) K. S. Gilhousen et al.: On the capavity of a cellular CDMA system, IEEE Transactions on Vehicular Technology, **40**, 2, pp. 303-312,（May 1991）
9) S. Verdu: Multiuser Detection, Cambridge Univ. Press（1998）

〔6 章〕

1) 伊丹 誠：わかりやすいOFDM技術，オーム社（2005）
2) A. Goldsmith: Wireless Communications, Cambridge Univ. Press（2005）
3) R. van Nee and R. Prasad: OFDM for wireless multimedia communications, Artech House（2000）
4) W. C. Y. Lee: Mobile Cellular Telecommunications Systems, McGraw-Hill（1989）
5) N. Okubo and T. Ohtsuki: Design Criteria for Phase Sequences in Selected Mapping, Trans. of IEICE, **E86-B**, 9, pp. 2628-2636,（Sep. 2003）

〔7 章〕

1) 岩垂好裕：符号理論入門，昭晃堂（1992）
2) 江藤良純，金子敏信 監修：誤り訂正符号とその応用，オーム社（1996）
3) J. G. Proakis: Digital Communications, McGraw-Hill, 4 th ed.,（2001）
4) C. Berrou, A. Glavieux and P. Thitimajshima: Near-Shannon-limit error-correcting coding: Turbo codes, in Proc. IEEE Int. Conf. Communications, pp. 1064-1070,（May 1993）
5) R. G. Gallager: Low-density parity-check codes, Cambridge, MA: M. I. T. Press（1963）
6) R. M. Tanner: A recursive approach to low complexity codes, IEEE Trans. Inform. Theory, **21**, pp. 42-55,（Jan. 2004）
7) T. Ohtsuki: LDPC codes in communications and broadcasting, Trans. of IEICE, **E90-B**, 3, pp. 440-453,（Mar. 2007）

〔8 章〕

1) アンテナ・無線ハンドブック，オーム社（2006）
2) 唐沢好男：新世代ワイヤレス技術3章，丸善（2004）

3) G. J. Foschini and M. J. Gans: On limits of wireless communications in a fading environment when using multiple antennas, Wireless Personal Commun., **6**, pp. 311-335, (Mar. 1998)
4) I. E. Telatar: Capacity of multiantenna Gaussian channels, Bell Laboratories, Tech. Memo., (Jun. 1995)
5) I. E. Telatar: Capacity of multiantenna Gaussian channels, Eur. Trans. Commun., **10**, 6, pp. 585-595, Nov.〜Dec. (1999)
6) S. Alamouti: Space block coding: A simple transmitter diversity technique for wireless communications, IEEE J. Select. Areas. Commun., **16**, 5, pp. 1451-1458, (Oct. 1998)
7) V. Tarokh, N. Seshadri and A. R. Calderbank: Space-time codes for high data rate wireless communication: Performance criterion and code construction, IEEE Trans. Inform. Theory, **44**, pp. 744-765, (Mar. 1998)
8) V. Tarokh, H. Jafarkhani and A. R. Calderbank: Space-time block codes from orthogonal designs, IEEE Trans. Inform. Theory, **45**, 4, pp. 1456-1467, (Jul. 1999)
9) Y. Sasazaki and T. Ohtsuki: Improved Design Criteria and New Trellis Codes for Space-Time Trellis Coded Modulation in Fast Fading Channels, Trans. of IEICE, **E86**-**B**, 3, pp. 1057-1062, (Mar. 2003)
10) 大槻知明：時空間符号，Journal of Signal Processing「信号処理」, **8**, 3, pp. 161-174, (May 2004)

理解度の確認；解説

(1 章)

問 1.1 $N=i^2+ij+j^2$, $i=2, j=1$ またはその逆で，$N=7$ となる．
$i=2, j=0$ で，またはその逆で $N=4$
$i=1, j=1$ で $N=3$
$i=1, j=0$ で $N=1$
$i=j=0$ で $N=0$

$N=0$ はクラスターとして無意味．$N=1$ は CDMA の場合に可能であるが，隣接セルからの干渉がある．

問 1.2 $N=4$ の場合を図に書くと**解図 1.2** のようになる．隣接セルは異なる周波数に割り振ることができ，隣接セルからの強い干渉を防ぐことができる．

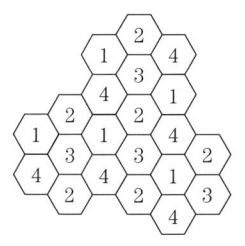

解図 1.2

問 1.3 $N=7$ 以下で，$N=4$ や 3 では，同一周波数のセル間距離が少ないために干渉が増える．干渉に弱いアナログ変調方式には採用できない．

(2 章)

問 2.1 （1） まず，この周波数の波長 λ は

$$\lambda = \frac{3\times 10^8\,\text{[m]}}{\frac{3\times 10^3 \times 10^6}{\pi}} = 0.1\pi\,\text{[m]} \cong 31.4\quad\text{cm}$$

$$G=\frac{4\pi A_e}{\lambda^2}=\frac{4\pi\frac{\pi}{4}}{(0.1\pi)^2}=\frac{\pi^2}{10^{-2}\pi^2}=10^2$$

であり，dB 表示では 20 dB となる．

（2） $L_f = 10\log\left(\frac{4\pi d}{\lambda}\right)^2 = 20\log\left(\frac{4\pi 100}{0.1\pi}\right)=20\log(4\times 10^3)$
$\qquad = 20(\log 4+\log 10^3)=20(0.6+3)=72\quad\text{dB}$

（3） 送信電力を 0 dBW（1 W を 0 dBW）にすると，送信と受信アンテナで 20 dB＋20 dB の利得があるが，自由空間損で 72 dB であり，受信機には －32 dBW の電力が到達する．dBm（1 mW を 0 dBm）で表現すると，－2 dBm になる．

問 2.2 （1） CW の周波数を f_0 とすると，動かない場合はこのままの周波数しか受信しないので，

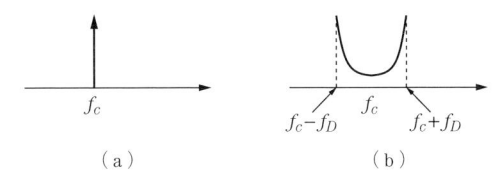

解図 2.2

スペクトルは f_0 の線スペクトルとなって，**解図 2.2**(a)のようになる．

(2) 図(b)のようになる．移動する逆の方向からの受信波はドップラー周波数によって周波数は高くなり，最高 f_c+f_D である．移動する方向に進む受信波は周波数が低くなり，最低 f_c-f_D となる．$f_D=v/\lambda=(v/c)f_c$ である．移動する方向から見て真横からの受信波はドップラー効果の影響のないもので，f_c のスペクトルをもつ．

移動局の速度 v が大きくなるとドップラー周波数は $f_D=v/\lambda=(v/c)f_c$ から大きくなり，図(b)のスペクトルの広がりが大きくなる．

問 2.3 (1) 見通し外伝搬では，受信機の周囲から一様に反射波，回折波，散乱波の素波の和である波形が受信される．これらの素波の数が多いと，この波形は中心極限定理より，正規分布の確率密度関数を示す．個々の素波は正弦波であるから，和も正弦波になる．正弦波が正規分布を示す場合，その振幅の確率密度関数はレイリー分布を示す．ちなみに，位相の確率密度関数は一様分布を示す．

(2) 直接伝搬と見通し外の伝搬の和からなる伝搬では，受信波形の振幅がライス確率密度関数をもつ．この関数は直接伝搬が強ければ，正規確率密度関数に近くなり，弱ければレイリー確率密度関数に近くなる．ちなみに，位相の確率密度関数は，直接波のもつ一定位相と，見通し外伝搬のもつ一様分布との中間の確率密度関数，すなわち，ある位相にピークをもち，そのピークを中心に広がる形になる．

問 2.4 (1) 選択合成ダイバーシチとは，複数のアンテナを比較して，最も瞬時 SN 比の高いアンテナを選ぶ．おのおののアンテナが十分に離れていれば（周囲の状況によって異なるが，周囲の空間が狭い街角などでは，半波長程度），瞬時 SN 比の変動の相関が少なくなり，ダイバーシチ効果が見られる．フェージングが通信に与える最も大きな損害は，SN 比が低下したときに，誤りが集中的に起こるバーストエラーである．選択ダイバーシチはこうした SN 比の低いアンテナを避け，SN 比の高いアンテナを優先的に利用できる．

(2) 等利得合成ダイバーシチとは，選択合成ダイバーシチが一つのアンテナを選ぶのに対して，等利得，すなわち，複数のアンテナの重みを同じにして，更に位相も同じにして加算する合成方法で，すべてのアンテナの電力を利用するために，選択合成法よりも優れた特性を示す．ただし，位相をそろえる回路を必要とし，選択合成法よりもシステムを複雑にする．

(3) 等利得合成法では，瞬時 SN 比の低いアンテナも同じ重みで加算するが，最大比合成法では各アンテナが受ける信号振幅に比例した重みをかけ，位相を同じにして加算する．このようにすると，雑音の多いアンテナの影響を抑えて，雑音の少ない信号電力の多いアンテナを優先的に利用するために，等利得合成法よりも良い特性を示す．ここで示した合成法の中で最も優れている．ただし，位相をそろえる回路を必要とするのみならず，信号

156　理解度の確認；解説

振幅の変動につれて重みを変化させることが，他の方法よりもシステムを複雑にする．

(3 章)

問 3.1 2値 ASK はあるキャリヤ周波数をもつ，例えば，cos 波の振幅のあるなしで情報を送ることができる．一方，受信機の帯域フィルタを通過した雑音も同じ周波数をもつ cos と sin の直交した成分の和で表される．包絡線検波器の場合，ASK の振幅を検波できるが，雑音の振幅も cos のみならず，sin 成分も統計的に同じだけの影響を受けて検波する．一方，同期検波の場合は検波器において，ASK のもつ cos の成分を乗算して平均をとるので，雑音の sin 成分は影響を受けない．雑音の電力の半分は cos が，残りの半分は sin がもつので，同期検波は包絡線検波よりも雑音電力の影響は半分になる．

問 3.2 QPSK では1シンボルで2ビット伝送できる．4 Mbps であるということは，シンボルレートは2 Msps である．一方，16値 QAM では1シンボルで4ビット伝送できる．同じ2 Msps では8 Mbps の伝送になる．

(4 章)

問 4.1　① FDMA　複数の周波数スロットを利用して，ユーザはその中の一つを選んで利用する．他のユーザは空いているスロットを利用し，混信を防ぐ方法である．フィルタによって，周波数スロットを選ぶ．アナログ変調でもディジタル変調でも利用できるので，アナログ通信時代から利用されていて，最も古典的方法である．

②　TDMA　複数の時間スロットを利用して，ユーザはその中の一つを選んで利用する．他のユーザは空いているスロットを利用し，混信を防ぐ方法である．スイッチ回路を利用して時間スロットを選択する．基本的にディジタル変調用の方法である．アナログ変調では時間的に不連続な信号が作りにくいが，ディジタル信号では簡単であるからである．例えば，音声を考えたとき，n個のスロットの一つを利用する場合に，ディジタル変調ならば，音声を AD 変換し，ディジタル符号をn分の1に時間圧縮して，TDMA の時間スロットに送り出せばよい．信号の周波数帯域はn倍になるが，全体でnユーザが利用できるので，周波数帯域のむだにはならない．アナログ信号で，時間圧縮をしようとすると，いったんディジタル符号にし，時間圧縮し，圧縮されたものを D-A 変換し，アナログに戻し，TDMA の時間スロットに送り出す作業が必要である．

③　CDMA　時間スロットも周波数スロットも要求しない方式で，個々のユーザに与えられた拡散コードによってユーザを識別して接続する方式である．拡散コード間で直交していれば，干渉なしに接続できるが，直交がくずれると干渉する．セルラー方式ののぼり回線は構造上直交しないような例が多いので，基地局における受信パワーをユーザによってばらつかないように送信電力制限をして，干渉を最小限に防ぐ．くだり回線は直交するので，こうした工夫は一般に要求されないが，マルチパス干渉で，ある程度直交がくずれる．

問 4.2　① ALOHA　送信パケットを，皆が利用する通信路を何も確認せず，ともかく，相手に送信し，もし，正常にパケットが受信されたら受信者は ACK を送り，他のパケットとの衝突などにより，適当な時刻で ACK が戻らなければ，適当なランダム時間を経て再度送信するという原始的な接続方式．そのためにスループットは最大で 18.4% である．

② スロット付 ALOHA　ALOHA 方式を改良したもので，送信パケットを任意のタイミングで送るのではなく，他の送信者とも同期して送る方式である．そのために，他のパケットとの衝突は 100% 衝突するか，まったく衝突しないかのいずれかになり，ALOHA 方式のような部分的にパケットが衝突してスループットを下げることを防ぐことができ，

理解度の確認；解説　　**157**

最大スループット 36.8% と 2 倍にすることができる．

③ CSMA　皆が利用する通信路を，パケットを送信する前に一度受信することで，他の送信者がいないかを確認し，いなければ送信を開始する方法で，前述の二つの方法よりも高い最大スループットを達成できる．無線通信では，これに，CSMA/CA とすることも多い．これは，通信路に他の送信者がいるのを検出した場合，その通信が終了したらすぐにパケットを送信すると，互いに衝突する場合が生じやすいので，適当なランダム時間をとって送信し，衝突を避ける方法である．

(5 章)

問 5.1　軍用通信は敵対する相手の存在を考えなければならない．敵に感づかれないようにすること（秘匿性），敵から妨害電波を受けても強いこと（耐ジャミング性），通信の内容を解読されないこと（秘話性）の三つの能力のうち，スペクトル拡散は前者二つに強い．秘話性については，ある程度あるが強いものではない．秘匿性が生ずることは，信号のスペクトルが広がって，受信機の雑音レベル以下になり，一般の受信機ではどこに信号があるのかわからないからである．耐ジャミング性は，雑音に埋もれても受信できる性質と同じで，同一の拡散符号をもった信号以外の信号による妨害は，受信機の逆拡散過程で，低く抑えられることによる．

問 5.2　拡散利得は無線周波数に拡散される周波数帯域を情報帯域で割ったものであり，BPSK 変調の直接拡散方式では，データのビット長を拡散符号のチップ長で割ったものである．これが大きいとスペクトルの広がりによって，スペクトル尖頭値が下がって，雑音に埋もれやすく秘匿性が増すこと，妨害信号との干渉も減って，耐ジャミング性も増すことがあげられる．CDMA においては同時接続数が多くなる．

問 5.3　逆拡散過程前で −10 dB，拡散利得で 20 dB であるから，10 dB の SIR になる．

問 5.4　単数搬送波拡散変調は，拡散帯域が大きくなると，それにつれてマルチパスの本数が多くなる．複数のマルチパスを rake 合成すれば，ダイバーシチ利得が得られるが，その数が多いと，マルチパス間の干渉によって，十分な利得が得られない．一方，複数搬送波拡散変調は個々の搬送波については周波数帯域が大きくないので，マルチパス干渉は少なく，全体の搬送波周波数を合成した場合にマルチパス干渉による利得の低下は少ないので，周波数帯域を広くしただけ，優れたダイバーシチ利得が得られる．

(6 章)

問 6.1　OFDM は，高速のデータ列を直並列変換し，多数の搬送波を用いて低速並列伝送する変調方式である．各搬送波は低速であるため，OFDM のシンボル長は長くなり，遅延スプレッドの影響が小さくなる．また，遅延波が十分に吸収されるような長さのガードインターバルを各 OFDM シンボルに挿入することにより，ISI の影響を軽減する．更に，ガードインターバルに OFDM シンボルの一部をコピーする巡回拡張処理によって，遅延波が存在するマルチパス環境下でも，遅延波の影響を除去し，搬送波間の直交性を保つことができる．そのため，OFDM はマルチパス環境及び高速データ伝送に適している．

問 6.2　例えば，サンプリングタイミングのシフトがある場合，ガードインターバルと巡回拡張を用いないと，前のシンボルが漏れ込んでくるため FFT 窓の両端で波形が連続にならない．そのため，FFT 窓両端の波形の不連続性に起因する周波数成分がサブキャリヤ間干渉（ICI）となり，特性が劣化する．また，ICI だけでなく，ISI も生じ，特性が劣化する．

　上記のような場合，ガードインターバルと巡回拡張を用いると，サンプリングタイミン

グのシフトがガードインターバルの範囲であれば，前のシンボルを含まず，かつFFT窓の両端が連続となるように波形を切り取れるため，ISIおよびICIは発生しない．

(7章)

問7.1 $W(x)$は符号長n，情報長k $(0<k<n)$，最小距離$d_{\min}=n-k+1$のRS符号の生成多項式となる．例えば，最小距離$d_{\min}=5$，$GF(2^3)$における二重誤り訂正RS符号を構成する場合，符号長は$n=7$，情報長は$k=n-d_{\min}+1=3$となる．

問7.2 最尤復号は，ある受信語yに対し，すべての送信符号語wについて$P(y|w)$を計算する復号法である．例えば，受信系列が多くの符号語から構成され，系列長が長い場合，計算量が膨大となってしまう．ビタビ復号は，入力データの符号化（相関づけ）により生じる符号語の遷移に関する制約を用いて，起こりえない符号語遷移に関する計算を除いている．また，符号語単位で尤度関数を計算する．このようにして，演算量を低減し，最尤復号を簡易に実現する．

問7.3 MAP復号は，ある受信語yに対し，それが受信されたという条件下で，送信語wの条件つき確率$P(w|y)$が最大となる符号語が送られたと判定する復号であり，次式で表される．

$$P(w|y)=\frac{P(y|w)P(w)}{P(y)}$$

MAP復号を行う場合，与えられた受信語yに対して事後確率を計算し，比較するのであるから，$P(y)$は定数として扱える．また，すべての送信語の事前確率$P(w)$が等しいとき，$P(w)$も定数として扱える．したがって，MAP復号は$P(y|w)$が最大となる符号語が送られたと判定するのと等価となる．これはML復号である．

問7.4 selective-repeat方式は，go-back-N方式を改良し，誤ったブロックのみ選択的に再送する方式であるが，衛星通信では，伝送距離が長く，連送可能ブロック数Nが大きいため，既に連送した多くのブロックが誤る確率が高い．このような場合，必要となるバッファのサイズも大きくなり，また，情報ブロックの順序制御も複雑となる．したがって，通常の伝送時にはselective-repeat方式を用い，誤りがある一定回数以上続いた場合，go-back-N方式に切り換える混合方式が有効である．

(8章)

問8.1 固有モード伝送は，チャネル行列Hの特異値分解（SVD）から得られる送受信ウェイトを用いて，MIMO通信路を独立な固有パスからなる並列空間通信路としてとらえ，各固有パスに各送信ストリームを対応させて送信する伝送法である．このとき，各固有パスの固有値が所要SN比が得られる以上の大きさでないと，全固有パスを利用することができない．そのため，固有モード伝送は，SN比が高い伝搬状況において，高いスループットを達成したい場合に適した伝送法であるといえる．

問8.2 AlamoutiのSTBCは，二つの情報シンボルを，受信機で簡単な線形演算でシンボル分離ができ，かつダイバーシチ利得が得られるように符号化（変調）し，2本のアンテナから，2シンボル時間にわたって送信する．ブロックフェージング通信路において，AlamoutiのSTBCはフルダイバーシチに関する規範である階数（ランク）規範を満足するように，すなわちすべての異なる符号語に対して，符号語差行列がフルランクであるように設計されている．したがって，受信ダイバーシチと同じ効果を，送信側の時空間処理で達成し，信頼度の高い通信の実現を目的とした伝送法であるといえる．しかし，符号化利得に関する行列式（デターミナント）規範は満たさないため，符号化利得はない．

索 引

【あ】
アナログモバイル通信時代 ……8
誤り位置多項式 ………106, 108
アレーLDPC 符号 …………120
アンテナ利得 ………………11

【い】
生き残りパス ………………112
一様フェージング通信路 …147
一様分布 ……………………19
イレギュラ LDPC 符号 ……117
インタリーバ …………115, 116

【う】
ウィーナー解 ………………133
内符号 ………………………114

【え】
枝 ……………………………110
エルミート転置 ……………137
遠近問題 ……………………83

【お】
奥村カーブ …………………15

【か】
階 数 ………………………130
階数規範 ………139, 144, 149
回 折 ………………………14
階層伝送方式 ………………93
ガウスの記号 ………………104
拡散利得 ………………70, 83
拡大体 ………………………99
確定的構成法 ………………119
隠れ端末問題 …………60, 62
仮想通信路行列 ………140, 142
ガードインタバル ………89, 95
カーナビゲーションのシステム
…………………………………3
ガロア拡大体 ………………107
ガロア体 ………………99, 124
干渉除去技術 ………………134
間接波 ………………………25

【き】
帰還通信路 …………………121

基本行操作 …………………102
逆拡散過程 …………………83
逆 元 ………………………99
逆離散フーリエ変換 ………87
キャリヤ間干渉 ……………89
行重み ………………………117
行列式 ………………………139
行列式規範 ………139, 144, 149

【く】
空間相関特性 ………………21
空間ダイバーシチ効果 ……26
空間多重 ……………………131
空間フィルタ ………………132
空間フィルタリング …134, 148
熊 手 ………………………32
クラスタ ……………………4
繰返し復号 …………………116
クリッピングフィルタリング 92
クリップ ……………………92
グレイコード ………………49
軍用通信 ……………………83

【け】
結合確率密度関数 …………136
元 …………………………99
検査行列 ……………………124

【こ】
交錯器 …………………115, 116
高速周波数ホッピング ……72
拘束長 ………………………109
高速フェージング通信路 …147
硬判定復号 …………………111
固定的接続方法 ……………57
コヒーレント帯域幅 ………128
固有値 ………………………130
固有値分解 …………………130
固有パス …………………138, 148
固有ビーム空間分割多重
………………………………137, 148
固有モード空間分割多重
………………………………137, 148
固有モード伝送 …………137, 148

【さ】
サイクル ……………………119

最小距離 ………………103, 124
最小距離復号 ………………103
最小自由距離 ………………112
最小二乗ユークリッド距離 140
最大事後確率 …………114, 135
最大事後確率復号 …………124
最大周期系列 ………………68
最大遅延量 …………………22
最大ドップラー周波数 ……17
最大のダイバーシチ利得 …138
最大比合成 ……………123, 141
最大比合成アンテナダイバーシチ
………………………………29
最大比合成ダイバーシチ 33, 72
最大比合成伝送 ………138, 148
最尤検出 ……………………135
最尤復号 ………………111, 125
雑音強調現象 ………………133
サブストリーム ……………134
三極真空管 …………………3, 7
散 乱 ………………………14

【し】
市街地伝搬 …………………14
時間相関特性 ………………21
時間ダイバーシチ …………30
時空間トレリス符号
………………………………140, 142, 149
時空間符号 ……………139, 149
時空間ブロック符号 …138, 149
指向性 ………………………12
事後確率 ………………120, 135
自己相関特性 ………………68
事前確率 ………………114, 135
事前対数尤度比 ……………116
実効面積 ……………………11
実数体 ………………………99
室内伝搬 ……………………16
自動再送要求 …………121, 125
シャドーウイング …………15
シャノン限界 …………115, 117
周 期 ………………………105
自由空間伝搬 …………11, 33
自由空間伝搬損 ………12, 33
終端処理 ……………………111
終端ビット系列 ……………111
周波数区分 ……………10, 33

周波数再利用率 ……………80, 84
周波数選択性フェージング通信路
　……………………………147
周波数相関関数 ………………24
周波数ダイバーシチ …………31
周波数非選択性通信路 ………128
周波数非選択性フェージング
　通信路 ……………………147
周波数分割多元接続 ……………4
周波数変調 ………………………4
周波数ホッピング ……………72
周波数ホッピング変調 ………83
16値QAM ……………………51
巡回拡張 …………………89, 95
巡回符号 ………………105, 124
瞬時SN比 ……………………52
瞬時値変動 ……………………14
準静的フェージング環境 …139
準静的フェージング通信路
　……………………………147
準静的ブロックフェージング
　通信路 ……………………131
状態遷移 ……………………110
冗長ビット …………………102
所望波対干渉波電力比 ……132
所望波対干渉波の雑音電力比
　……………………………133
信号対雑音電力比 …………111
シンセサイザ …………………72
シンドローム ……………106, 108
振幅変調 …………………………3
振幅利得 ……………………131

【す】
随時的接続方法 ………………57
スロット付ALOHA ……59, 62

【せ】
生起確率 ……………………114
正規化処理能力 ………………59
正規化トラヒック量 …………59
正規分布 ………………………15
整合フィルタ …………………37
生成行列 ……………101, 110, 124
正方行列 ……………………142
セクタ化 …………………81, 84
セルラー通信 …………………8
セルラー方式 …………………4
ゼロフォーシング …………132
遷移確率 ……………………114
線形増幅 ………………………47
線形符号 ……………………124
選択合成アンテナダイバーシチ
　………………………………27

選択合成ダイバーシチ ………33
選択性フェージング …………22

【そ】
相互相関特性 …………………68
送信確率 ……………………114
送信ダイバーシチ …………142
総送信信号電力対雑音電力比 131
組織符号 ……………………102
外符号 ………………………114
疎なパリティ検査行列 ……117

【た】
体 ………………………99, 124
対角行列 ……………………130
耐ジャミング性 ………………65
対数正規分布 …………………15
対数尤度比 …………………116, 120
ダイバーシチ …………………26
ダイバーシチ利得 …………141
タイプIハイブリッドARQ方式
　……………………………123
タイプIIハイブリッドARQ方式
　……………………………123
タイプIIIハイブリッドARQ方式
　……………………………123
タイムアウト法 ……………121
多重化 ………………………116
多重利得 ……………………131, 148
畳込み符号 …………………109, 124
タナーグラフ ………………118
ターボ符号 …………………115, 125
単一周波数ネットワーク ……93
短区間中央値変動 ……………15

【ち】
チェイス合成 ………………123, 125
チェックノード ……………118, 120
遅延演算子 …………………110
遅延スプレッド ………………22
遅延素子 ……………………145
遅延プロファイル ……………22
逐次型干渉除去 ……………134
逐次復合法 …………………113
地上ディジタルテレビジョン放送
　………………………………92
チャネル行列 ………………130
中心極限定理 …………………18
注水定理 ……………………131, 137, 148
長区間中央値 …………………15
直接拡散 ………………………66
直接拡散通信方式 ……………94
直接拡散復調 …………………68, 83
直接波 ……………………14, 25

直交周波数分割多重 …………7, 95

【つ】
通信路符号化 …………………94
通信路容量 …………………131

【て】
ディジタル変調 ………………54
ディジタルモバイル通信時代 …8
ディジタルラジオ放送 ……92, 96
低速周波数ホッピング ………72
低密度パリティ検査符号
　……………………………117, 125
適応変復調 ……………………94
デターミナント規範
　……………………139, 144, 149
デュプレックス ……………56, 61
伝送制御プロトコル ………121
伝送路行列 …………………142
転置 …………………………102
伝搬路状態 …………………132
電力効率 ………………………46
電力増幅器 ……………………91

【と】
透過 ……………………………14
等価低域系 ……………………21
同期検波 ………………………37
等利得合成アンテナダイバーシチ
　………………………………30
特異値 ………………………131
特異値分解 …………………130, 136, 147
独立複素ガウス不規則変数
　……………………………128
ドップラーシフト …………17, 20
ドフォーレ ……………………3
トレリス状態遷移図 ………143
トレリス線図 ………………110, 124
トレリス符号化変調 ………141

【な】
内径 …………………………119, 125
軟判定復号 …………………111

【に】
二元符号 ……………………100, 104
二乗ユークリッド距離 ……136
二部グラフ …………………118

【は】
π/4シフトQPSK
　………………………5, 47, 49, 54
ハイブリッドARQ方式
　……………………………123, 125

【は】(続き)

パスダイバーシチ ……………31
パス分離 ………………………72
パスメトリック ………………146
パス利得 ………………………128
秦式 ……………………………15
ハミング重み …………………103
ハミング距離 ………………98,124
ハミング符号 ………………104,124
パリティ検査ビット …………102
パンクチャリング処理 ………123
反射 ……………………………14
ハンディートーキー …………56
反復復号 ………………………117

【ひ】

ピーク対平均電力比 ………91,96
非線形増幅 …………………47,77
非組織符号 ……………………102
ビタビ復号 …………………111,124
ビット …………………………100
ビットノード …………………118
非同期検波 ……………………41
秘匿性 …………………………64
非二元符号 ……………………104
火花放電 ………………………2
火花放電式無線機 ……………7
ビームフォーミング伝送
　…………………………138,148
秘話性 …………………………65

【ふ】

フェージング相関 ……………129
複数搬送波拡散変調 …………83
複素ウェイト …………………132
複素ガウス分布 ………………131
複素包絡線 ……………………17
符号アルファベット …………100
符号化率 ………………………101
符号化利得 …………………139,141
符号語 …………………………100
符号語距離行列 ……………139,142
符号語差行列 …………………139
符号長 …………………………100
符号分割多元接続 ……………2
フラットフェージング通信路
　…………………………128,147

ブランチメトリック …………146
フルダイバーシチ …………138,150
フルレート …………………140,142,150
プレディストータ法 …………92
ブロックフェージング通信路
　………………………………140
ブロック符号 ………100,101,124

【へ】

平均SN比 ……………………52
平均遅延量 ……………………23
平均二乗誤差最小化 …………133
ベイズの定理 …………………135
並列空間通信路 ……………130,136
並列連接畳込み符号 …………115
変数ノード ……………………120

【ほ】

ボイスアクチベーション ……81
ボイスアクチベーションファクタ
　………………………………84
包絡線検波 ……………………41

【ま】

マイクロセル …………………16
マッチドフィルタ ……………31
間引き多重化 …………………116
マルコーニ ……………………2
マルチパス伝搬 ………………15
マルチパスフェージング ……33
マルチユーザダイバーシチ …95

【み】

見通し外伝搬 …………………16
見通し内伝搬 …………………25

【む】

無線LAN ………………………7

【め】

メッセージ ……………………120
メッセージパッシング
　アルゴリズム ………………120
メトリック ……………………111

【も】

モバイルWiMAX ……………95
モバイル通信 …………………4
　第一世代 ……………………4
　第二世代 ……………………5
　第三世代 ……………………6

【ゆ】

有理数体 ………………………99
ユークリッド距離 ……………98
ユークリッド空間 ……………98
ユニタリ行列 ………………130,148

【よ】

要素符号器 ……………………115
4相PSK ………………………49

【ら】

ライス確率密度関数 …………25
ライス確率密度分布 …………33
ライス分布 ……………………16
ラグランジュの未定係数法 …137
ランク …………………………130
ランク規範 …………139,144,149
ランダム誤り訂正符号 ………114
ランダム構成法 ………………119

【り】,【る】

離散フーリエ変換 ……………88
リード・ソロモン符号
　…………………………107,124
ループ …………………………119

【れ】

レイリー確率密度分布 ………33
レイリーフェージング通信路
　………………………………128
レイリー分布 ………14,19,128
レギュラLDPC符号 …………117
列重み …………………………117
レプリカ ………………………134
連接符号 ……………………114,124

【ろ】

64値QAM ……………………51

【A】

ACK ……………………………121
Alamouti ………………………139
　——のSTBC ……………139,149
ALOHA ………………………59,62
AM ………………………………3

AMC ……………………………94
AM波形 ………………………47
APP ……………………………120
APP比 …………………………120
ARQ ……………………………121
ASK …………………………37,54

【B】

BCH符号 ……………………106,124
Berrou …………………………115
BLAST …………………………134
BPSK …………………………44
BST-OFDM ……………………93

【C】
CDMA ······ *2*, *31*, *58*, *60*, *61*, *66*
CSI ······ *132*
CSMA ······ *60*, *62*
CSMA/CA ······ *94*

【D】
DAB ······ *92*, *96*
DFT ······ *88*
DPSK ······ *45*
DS ······ *66*
DS-SS ······ *94*
DVB-T ······ *93*, *96*

【E】
E-SDM ······ *137*, *148*

【F】
FDD ······ *56*
FDMA ······ *4*, *61*
FH ······ *72*
FM ······ *4*
FM 波形 ······ *47*
FSK ······ *37*, *42*, *54*

【G】
Gallager ······ *117*, *119*
GMSK ······ *5*, *47*, *54*
go-back-N 方式 ······ *122*, *125*
Gold 系列 ······ *68*
GPS ······ *3*
GSM ······ *5*, *47*

【H】
HDTV ······ *93*
HSDPA ······ *6*

【I】
ICI ······ *89*
IDFT ······ *87*
IEEE 802.11 a ······ *7*, *94*
IEEE 802.11 a/b/g ······ *96*
IEEE 802.11 b ······ *94*
IEEE 802.11 g ······ *7*, *94*
IEEE 802.16 ······ *95*, *96*
IEEE 802.16 e ······ *95*
IEEE 802.16 e-2005 ······ *95*

IMT 2000 ······ *10*
IR 法 ······ *123*, *126*
ISDB-T ······ *93*, *96*

【J】
Jakes モデル ······ *129*

【L】
LDPC ······ *117*
LDPC 符号 ······ *120*
LLR ······ *116*, *120*

【M】
MAP ······ *114*, *135*
MC-CDMA ······ *7*, *74*
MC-DS-CDMA ······ *7*, *74*
MC-DS-SS ······ *74*
MC-SS ······ *74*, *76*
MFN ······ *93*
MIMO ······ *128*, *147*
MLD ······ *135*
MMSE ······ *133*
MMSE 規範 ······ *133*
Moore-Penrose 一般逆行列 *133*
MRC ······ *123*, *141*
MSK ······ *48*

【N】
NACK ······ *121*

【O】
OFDM ······ *7*, *59*, *95*
OFDMA ······ *59*, *92*, *95*, *96*

【P】
PAPR ······ *91*, *96*
PAR ······ *91*, *96*
PCCC ······ *115*
PDC ······ *5*
PHS ······ *57*
pre-rake ······ *32*
PSK ······ *37*, *44*, *54*

【Q】
QAM ······ *54*
QPSK ······ *49*
q 元符号 ······ *100*

【R】
rake ······ *32*
rake 合成 ······ *7*, *83*
rake 受信機 ······ *72*
RS ······ *107*

【S】
SC-CDMA ······ *6*
SDTV ······ *93*
selective-repeat 方式 ······ *122*, *125*
SFN ······ *93*
SIC ······ *134*
SINR ······ *133*
SIR ······ *71*, *133*
SI 比 ······ *71*
SM ······ *131*
SN 比 ······ *111*, *131*
space-timecode ······ *149*
sphere decoding ······ *136*
STBC ······ *138*, *149*
STC ······ *139*
stop-and-wait 方式 ······ *121*, *125*
STTC ······ *140*, *142*, *149*
sum-product 復号 ······ *117*, *125*
SVD ······ *130*, *136*, *147*

【T】
Tarokh ······ *142*
TCM ······ *141*
TD-CDMA ······ *6*, *57*, *61*
TDD ······ *56*
TDMA ······ *58*, *61*

【V】
V-BLAST ······ *134*, *149*

【W】
WCDMA ······ *6*, *10*
WH 行列 ······ *82*
WH 系列 ······ *76*
WH 符号 ······ *82*, *84*
WiBro ······ *95*

【Z】
ZF ······ *132*
ZF 規範 ······ *133*

―― 著者略歴 ――

中川　正雄（なかがわ　まさお）
1974年　慶應義塾大学大学院博士課程修了
　　　　（電気工学専攻）
　　　　工学博士（慶應義塾大学）
2010年　慶應義塾大学名誉教授

大槻　知明（おおつき　ともあき）
1994年　慶應義塾大学大学院博士課程修了
　　　　（電気工学専攻）
　　　　博士（工学）（慶應義塾大学）
現在，慶應義塾大学教授

モバイルコミュニケーション
Mobile Communication　　　Ⓒ 一般社団法人　電子情報通信学会　2009

2009年3月31日　初版第1刷発行
2016年6月15日　初版第2刷発行

検印省略	編　者	一般社団法人 電子情報通信学会 http://www.ieice.org/
	著　者	中　川　正　雄 大　槻　知　明
	発行者	株式会社　コロナ社 代表者　牛来真也

112-0011　東京都文京区千石 4-46-10
発行所　株式会社　コ ロ ナ 社
CORONA PUBLISHING CO., LTD.
Tokyo Japan　　Printed in Japan
振替 00140-8-14844・電話(03)3941-3131(代)
http://www.coronasha.co.jp

ISBN 978-4-339-01865-3
印刷：壮光舎印刷／製本：グリーン

本書のコピー，スキャン，デジタル化等の無断複製・転載は著作権法上での例外を除き禁じられております。購入者以外の第三者による本書の電子データ化及び電子書籍化は，いかなる場合も認めておりません。

落丁・乱丁本はお取替えいたします

電子情報通信レクチャーシリーズ

■電子情報通信学会編　　　　　　　　　　（各巻B5判）

白ヌキ数字は配本順を表します。　　　　　　　　　　頁　本体

配本	巻	書名	著者	頁	本体
㉚	A-1	電子情報通信と産業	西村吉雄著	272	4700円
⑭	A-2	電子情報通信技術史 —おもに日本を中心としたマイルストーン—	「技術と歴史」研究会編	276	4700円
㉖	A-3	情報社会・セキュリティ・倫理	辻井重男著	172	3000円
⑥	A-5	情報リテラシーとプレゼンテーション	青木由直著	216	3400円
㉙	A-6	コンピュータの基礎	村岡洋一著	160	2800円
⑲	A-7	情報通信ネットワーク	水澤純一著	192	3000円
㉝	B-5	論理回路	安浦寛人著	140	2400円
⑨	B-6	オートマトン・言語と計算理論	岩間一雄著	186	3000円
①	B-10	電磁気学	後藤尚久著	186	2900円
⑳	B-11	基礎電子物性工学 —量子力学の基本と応用—	阿部正紀著	154	2700円
④	B-12	波動解析基礎	小柴正則著	162	2600円
②	B-13	電磁気計測	岩﨑俊著	182	2900円
⑬	C-1	情報・符号・暗号の理論	今井秀樹著	220	3500円
㉕	C-3	電子回路	関根慶太郎著	190	3300円
㉑	C-4	数理計画法	山下・福島共著	192	3000円
⑰	C-6	インターネット工学	後藤・外山共著	162	2800円
③	C-7	画像・メディア工学	吹抜敬彦著	182	2900円
㉜	C-8	音声・言語処理	広瀬啓吉著	140	2400円
⑪	C-9	コンピュータアーキテクチャ	坂井修一著	158	2700円
㉛	C-13	集積回路設計	浅田邦博著	208	3600円
㉗	C-14	電子デバイス	和保孝夫著	198	3200円
⑧	C-15	光・電磁波工学	鹿子嶋憲一著	200	3300円
㉘	C-16	電子物性工学	奥村次徳著	160	2800円
㉒	D-3	非線形理論	香田徹著	208	3600円
㉓	D-5	モバイルコミュニケーション	中川・大槻共著	176	3000円
⑫	D-8	現代暗号の基礎数理	黒澤・尾形共著	198	3100円
⑱	D-11	結像光学の基礎	本田捷夫著	174	3000円
⑤	D-14	並列分散処理	谷口秀夫著	148	2300円
⑯	D-17	VLSI工学 —基礎・設計編—	岩田穆著	182	3100円
⑩	D-18	超高速エレクトロニクス	中村・三島共著	158	2600円
㉔	D-23	バイオ情報学 —パーソナルゲノム解析から生体シミュレーションまで—	小長谷明彦著	172	3000円
⑦	D-24	脳工学	武田常広著	240	3800円
㉞	D-25	福祉工学の基礎	伊福部達著	236	4100円
⑮	D-27	VLSI工学 —製造プロセス編—	角南英夫著	204	3300円

以下続刊

共通
A-4	メディアと人間	原島・北川共著
A-8	マイクロエレクトロニクス	亀山充隆著
A-9	電子物性とデバイス	益・天川共著

基礎
B-1	電気電子基礎数学	大石進一著
B-2	基礎電気回路	篠田庄司著
B-3	信号とシステム	荒川薫著
B-7	コンピュータプログラミング	富樫敦著
B-8	データ構造とアルゴリズム	岩沼宏治著
B-9	ネットワーク工学	仙石・田村・中野共著

基盤
C-2	ディジタル信号処理	西原明法著
C-5	通信システム工学	三木哲也著
C-11	ソフトウェア基礎	外山芳人著

展開
D-1	量子情報工学	山崎浩一著
D-4	ソフトコンピューティング	
D-7	データ圧縮	谷本正幸著
D-13	自然言語処理	松本裕治著
D-15	電波システム工学	唐沢・藤井共著
D-16	電磁環境工学	徳田正満著
D-19	量子効果エレクトロニクス	荒川泰彦著
D-22	ゲノム情報処理	高木・小池編著

定価は本体価格+税です。
定価は変更されることがありますのでご了承下さい。

図書目録進呈◆